U0571894

数控机床与电焊

主　编　姜　英　赵露颖　邱亚峰
副主编　秦　正　常　捷　李　琳

北京理工大学出版社
BEIJING INSTITUTE OF TECHNOLOGY PRESS

内 容 简 介

本书从实用的角度出发，介绍了数控机床加工与电焊加工的基础知识，包括技术原理、实操过程、操作要点、注意事项等；介绍了数控机床加工编程知识，并列以大量的实例介绍数控编程方法以及加工步骤；介绍了数控技术的发展前景与应用，并以著名的发那科系统为例，详细介绍操作面板相关知识。本书每章都配有习题，以指导读者深入地进行学习。

本书既可作为高等院校工程实训课程的教材，也可作为相关工程技术人才的参考用书，亦可作为对数控加工和电焊加工感兴趣的读者的自学用书。

版权专有　侵权必究

图书在版编目（CIP）数据

数控机床与电焊 / 姜英，赵露颖，邱亚峰主编.

北京：北京理工大学出版社，2024.11.

ISBN 978-7-5763-4582-7

Ⅰ. TG659；TG443

中国国家版本馆 CIP 数据核字第 202400UJ90 号

责任编辑：陆世立　　文案编辑：李　硕
责任校对：刘亚男　　责任印制：李志强

出版发行 / 北京理工大学出版社有限责任公司

社　　址 / 北京市丰台区四合庄路 6 号

邮　　编 / 100070

电　　话 / （010）68914026（教材售后服务热线）
　　　　　　（010）63726648（课件资源服务热线）

网　　址 / http://www.bitpress.com.cn

版 印 次 / 2024 年 11 月第 1 版第 1 次印刷

印　　刷 / 三河市天利华印刷装订有限公司

开　　本 / 787 mm×1092 mm　1/16

印　　张 / 9.75

字　　数 / 229 千字

定　　价 / 58.00 元

图书出现印装质量问题，请拨打售后服务热线，负责调换当前大工程、大制造的工程教育背景，以及"中国制造2025"战略对我国高等院校学生的工程技能和工程创新能力的培养提出了更高的要求，为了适应21世纪对高层次人才培养的要求，国家对于高等院校的工程训练教学提出了新的要求。《国家中长期教育改革和发展规划纲要》提出："高校要强化多学科交叉融合的实践教学环节，重点扩大应用型、复合型、技能型人才的培养规模。"新时代中国特色社会主义高等教育紧紧围绕"培养什么人、怎样培养人、为谁培养人"的教育根本问题，以及"立德树人"的教育根本任务，来设计课程体系。工程实践教学作为高等教育的重要组成部分，是高校不可替代的教学环节，也是培养学生动手创新能力、推动学生尽快了解和掌握现代制造技术的有效途径。因此，现在的工程训练增加了新的教育内涵，工程训练要为培养有作为、有担当、综合能力强、创新意识强的新时代人才起到关键作用，加快培养新兴领域工程科技人才，贯彻落实习近平新时代中国特色社会主义思想和党的二十大精神，写好高等教育"奋进之笔"，打好提升教育质量，推进公平、创新人才培养机制的攻坚战。

工程训练是一门工程知识传授、动手能力培养和学生价值塑造的重要实践类课程，是工科院校的学生了解机械制造的概念、理解机械制造的基本工艺、掌握机械制造的相互关系，以及培养工程意识、动手能力、团队素质、创新精神的必修课程，可为学生学习机械制造的后续专业知识奠定基础。

通过在教学过程中主动挖掘红色故事和大国工匠案例等，将社会主义核心价值观贯穿于工程知识传授、创新实践能力培养之中，引导帮助大学生逐步形成正确的世界观、人生观、价值观；使学生在专业技能知识学习的过程中，接受劳动教育，培养劳动精神（比如劳动态度、精神风貌），使其成为有素质的劳动者；培养学生敬业、精益、专注、创新等方面的工匠精神，以及认真负责、踏实敬业的工作态度和严谨求实、一丝不苟的工作作风；培养学生团队合作精神，鼓励学生组队解决难题，相互帮助鼓励、克服畏难情绪；培养学生严以律己、互助互进的意志和毅力；使学生学会用联系的、全面的、发展的观点看问题，正确对待人生发展中的顺境与逆境，处理好人生发展中的各种矛盾，培养健康向上的人生态度。

本书为高等院校工程训练实践类课程的教材，主要围绕数控加工和电焊加工这两个实训项目进行编写，从数控加工发展的背景、基础概念到加工原理、加工步骤、编程基础，由浅入深、逐步推进，并附上加工操作步骤以及加工实例帮助学生进行更好的理解。本书既强调基础，又力求体现新知识、新技术，此外，还注重对学生实际动手能力的培养。本书的编写采用简约的文字表述，大量的实物图片，图文并茂，直观明了；注重理论和实践的结合，每章开始时提出本章的学习目标和学习任务，结束时配套相应的习题，有助于学生进行自习和复习。

　　本书的编写分工如下：第 1~3 章及附录由姜英编写，第 4~6 章由赵露颖编写，其中书中所附的延伸阅读内容由常捷、李琳编写，秦正负责内容校对，南京理工大学基础教学与实验中心邱亚峰主任对本书内容进行了审定。除此之外，本书的编写工作得到了浙江凯达机床股份有限公司的大力支持，公司总经理及高级工程师周才根参与了大量的实际操作案例编写与审定工作。限于编者的水平，书中难免存在疏漏之处，诚请读者批评指正。

编　者

目　录

第1章
数控机床基础

 学习目标 ▶▶ ▶

数控机床是一个典型的机电产品，它是由机床和数控系统两大部分组成的。其中，机床是机械部件，数控系统是电气部件。读者应掌握数控机床的组成、功能和未来的发展趋势，对数控系统有一个基本和全面的认识。

学习任务 ▶▶ ▶

通过本章的学习，读者需要掌握以下知识：
(1) 数控的概念；
(2) 数控机床的组成；
(3) 数控机床的分类；
(4) 数控技床的发展。

制造业是实体经济的主体，是国家经济的命脉。机床业是现代机械制造业的基石，数控机床也已经成为国家的重要战略设备。因此，学习掌握数控机床知识、深入研究高端数控机床制造技术，提升中国工业核心竞争力，我国才有可能在未来经济技术发展中抢占高地。各种数控机床在机械制造业的应用日益广泛，数控设备的使用程度以及数控设备操作者的技术水平，已成为决定企业生产制造水平的关键因素。培养大批数控技术高级应用型人才已经成为社会和企业生产的需要与共识，也成为高校教育相关专业的责任。

1.1　数控机床发展状况简介

社会生产与科学技术的迅速发展使机械产品日趋精密、复杂，而且改型频繁，特别是宇航、造船、武器生产等部门。这对机床的精度、效率、通用性和灵活性都有着较高要求，而普通机床难以实现加工。

1.1.1　数控机床发展史

1948 年，美国帕森斯公司受美国空军的委托，研制直升机螺旋桨叶片轮廓检查用样板的加工设备，由于叶片形状复杂多样，精度要求高，一般加工设备难以适应，因此，基于当时计算机技术的快速发展，有人提出用计算机控制加工设备，这也就是数控机床的最初设想。

1949 年，在美国空军的支持下，帕森斯公司和麻省理工学院合作，开始数控机床的研究。

1952 年，美国试制成功了第一台数控机床，采用了自动控制、伺服驱动、精密测量和新型机械结构等方面的技术。

1959 年，美国开发成功具有刀库、刀具交换装置、回转工作台的数控机床，可在一次装夹中对工件的多个面进行多工序加工。至此，数控机床的新一代类型——加工中心诞生，并成为当今世界数控机床发展的主流。

随着电子信息技术的发展，世界机床业已进入以数字化制造技术为核心的机电一体化时代，其中数控机床就是代表产品之一。数控机床是制造业的加工母机和国民经济的重要基础，为国民经济各个部门提供装备和手段，具有无限放大的经济与社会效应。

1.1.2 数控系统发展的两个阶段

数控系统的发展主要分为普通数控（Numerical Control，NC）阶段和计算机数控（Computer Numerical Control，CNC）阶段，如图 1-1 所示。

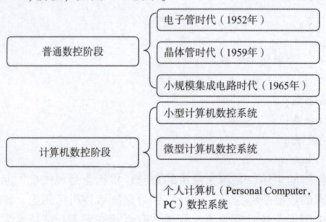

图 1-1 数控系统发展的两个阶段示意图

1.2 数控加工基础知识

1. 数控加工相关概念

（1）数控：利用数字化信息来实现自动控制的方法。

（2）计算机数控：用计算机控制加工功能，实现数值控制的方法。

（3）数控技术：用数字化信息对机械运动和工作过程进行控制的柔性制造自动化技术，综合了计算机、微电子、自动化、电力电子、现代机械制造等多种技术，是现代工业化生产中的一门发展十分迅速的高新技术。数控加工是将数控技术应用于加工设备的控制而产生的新兴加工技术。

（4）数控机床：综合应用了自动控制、计算机技术、精密测量和机床结构等方面的最新成就的一种计算机或专用计算装置控制的高效自动化机床。

（5）数控系统：根据计算机存储器中存储的控制程序，执行部分或全部数值控制功能，并配有接口电路和伺服驱动装置的专用计算机系统。它通过利用数字、文字和符号组成的数字指令来实现一台或多台机械设备动作控制，所控制的通常是位置、角度、速度等机械量和开关量。

2. 常用数控系统

当今世界，数控系统较多，每个工业大国都有自己的数控系统，我国作为工业门类齐全的大国，也不例外。国内外知名的数控系统如表1-1所示。

表1-1　国内外知名的数控系统

国外知名数控系统	国家	国内知名数控系统	城市
发那科（FANUC）数控系统	日本	华中数控系统	武汉市
西门子（SIEMENS）数控系统	德国	广州数控系统	广州市
法格（FAGOR）数控系统	西班牙	凯恩帝数控系统	北京市
三菱（MITSUBISHI）数控系统	日本	广泰数控系统	成都市
山崎马扎克（MAZAK）数控系统	日本	沈阳机床 i5 数控系统	沈阳市
德玛吉（DMG）数控系统	德国	航天数控系统	北京市
辛辛那提（CINCINNATI）数控系统	美国	华兴数控系统	南京市

下面对其中一些典型的数控系统进行简单介绍。

1）FANUC 数控系统

FANUC 的 16i/18i/21i MODEL B 系列数控系统，利用光缆传输信息，采用超高速串行通信总线 FSSB，与 PC 相联建立以太网，大大减少了连接电缆数；最多可达 8 轴联动控制；可采用 FL-NET、PROFIBUS-DP 等现场总线，利用丰富的软件包和网络功能，简单地构造适合机床的最佳系统。FANUC 数控系统界面如图 1-2 所示。

图 1-2　FANUC 数控系统界面

2）SIEMENS 数控系统

SIEMENS 数控系统采用模块化结构设计，经济性好，在一种标准硬件上配置多种软件，具有多种工艺类型，满足各种机床的需要，并成为系列产品；随着微电子技术的发展，越来越多地采用大规模集成电路、表面安装器件，并应用先进加工工艺，所以新的系统结构更紧凑、性能更强、价格更低；采用 SIMATICS 系列可编程控制器或集成式可编程控制器、SYEP 编程语言，具有丰富的人机对话功能，具有多种语言的显示。SIEMENS 数控系统界面如图 1-3 所示。

图 1-3　SIEMENS 数控系统界面

3）华中数控系统

华中数控系统以"世纪星"系列为典型产品，车削系统为 HNC-21/22T，铣削系统为 HNC-21/22M，最大联动轴数为 4 轴，采用开放式体系结构，内置嵌入式工业 PC。

HNC-848 数控系统是全数字总线式高档数控系统，对标国外高档数控系统，采用双 CPU（Central Processing Unit，中央处理器）模块的上下位机结构，以及模块化、开放式体系结构；基于具有自主知识产权的 NCUC 工业现场总线技术，具有多通道控制、五轴加工、高速高精度、车铣复合、同步控制等功能；主要应用于高速、高精、多轴、多通道的立式、卧式加工中心，车铣复合，5 轴龙门机床等。

华中数控系统采用了先进的技术路线，具有可靠的质量保证，现已成为既有国际先进水平又有我国技术特色的数控系统。HNC 数控系统界面如图 1-4 所示。

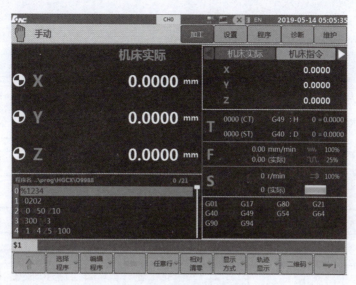

图 1-4　HNC 数控系统界面

1.3　数控加工原理

数控加工是指在数控机床上进行工件加工的一种工艺。采用数控机床加工工件时，只需要将被加工工件的几何信息、工艺参数、加工步骤等信息数字化，用规定的格式编写数控加工程序（代码），然后用相应的输入装置将所编的程序输入机床控制系统，再由其将程序进行译码、运算后，向机床各坐标的伺服系统和辅助控制装置发出信号，以驱动机床的各部运动部件，并控制所需要的辅助动作，最后加工出合格的产品。

数控机床是数字控制机床的简称，是一种装有程序控制系统，集机床、计算机、电动机及其拖动、运动控制、检测等技术为一体的自动化设备，整体结构如图 1-5 所示。该控制系统能够逻辑地处理具有控制编码或其他符号指令规定的程序，并将其译码，从而使机床动作并加工工件。

图 1-5　数控机床的整体结构

1.4 数控机床的组成

数控机床一般由输入/输出(Input/Output,I/O)装置、数控装置、伺服驱动装置和机床本体等组成,如图1-6所示。

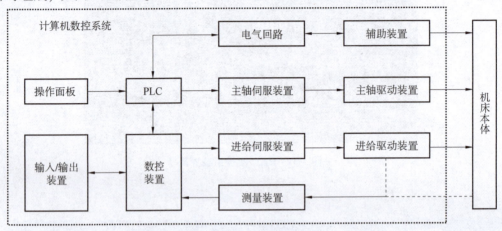

图1-6 数控机床的组成

(1)输入/输出装置:数控机床工作时不需要人直接操作,但又要执行人的意图,这就必须在人和数控机床之间建立某种联系,这种联系的中间媒介物即为输入/输出装置,常称为控制介质。在数控机床加工时,控制介质是存储数控加工所需要的全部动作和刀具相对于工件位置等信息的信息载体,它记载着工件的加工工序。数控机床中,常用的控制介质有穿孔纸带、盒式磁带、软盘、磁盘、U盘、网络及其他可存储代码的载体。

(2)数控装置:数控机床的核心,包括硬件(印制电路板、显示器、键盒、纸带阅读机等)以及相应的软件,用于输入工件的数控加工程序,并完成输入程序的存储、数据的变换、插补运算以及实现各种控制功能。它将接收的程序,经过译码运算和逻辑处理后,发出相应的指令给伺服驱动装置,伺服驱动装置带动机床的各个运动部件按程序预定要求动作。数控装置是由CPU、存储器、总线和相应的软件构成的专用计算机。数控机床的操作和监控全部在这个数控装置中完成,它是数控机床的"大脑"。

(3)伺服驱动装置:由主轴、进给伺服装置和主轴、进给驱动装置组成,是接收数控装置的指令驱动机床执行机构运动的驱动部件。一般来说,数控机床的伺服驱动装置要求有快速响应性能,以及灵敏准确地跟踪指令的功能。数控机床的伺服系统有步进电动机伺服系统、直流伺服系统和交流伺服系统等,现在常用的是后两者,都带有感应同步器、编码器等位置检测元件,而交流伺服系统正在取代直流伺服系统,机床上的执行部件和机械传动部件组成数控机床的进给系统,它根据数控装置发来的速度和位移指令控制执行部件的进给速度、方向与位移量。每个进给运动的执行部件都配有一套伺服系统。伺服系统的性能是决定数控机床的加工精度、表面质量和生产率的主要因素之一。

(4)机床本体:数控机床的主体,包括机床的主运动部件、进给运动部件执行部件和基础部件座、立柱、工作台、滑鞍、导轨等。

数控机床的主运动和进给运动都由单独的伺服电动机驱动，传动链短，结构简单。为了保证数控机床的高精度、高效率和高自动化加工要求，数控机床机械结构应具有较高的动态特性、动态刚度、耐磨性以及抗热变形等性能。为了保证数控机床功能自发挥，还要有一些配套装置(如冷却、排屑、防护、润滑、照明等装置)。

对于加工中心类的数控机床，还要有存放刀具的刀库、交换刀具的机械手等。数控机床在其诞生之初沿用的是普通机床结构，只是在自动变速、刀架或工作台自动转位等方面有所改变。随着数控技术的发展，人们对机床结构的技术性能要求更高，如总体布局、外观造型、传动机构、刀具系统以及操作性能等方面。因为数控机床除连续切削加工会影响工件精度外，其加工是自动控制的，不能由人工来进行补偿，所以其设计要比通用机床更完善，其制造也比通用机床更精密。

1.5 数控机床的特点

与普通机床相比，数控机床有如下特点。

(1)加工精度高，具有稳定的加工质量。

(2)可进行多坐标的联动，能加工形状复杂的工件。

(3)加工工件改变时，一般只需要更改数控程序，可节省生产准备时间。

(4)机床本身精度高、刚性大，可选择有利的加工用量，生产效率高(一般为普通机床的3~5倍)。

(5)机床自动化程度高，可以减轻劳动强度。

(6)对操作人员的素质要求较高，对维修人员的技术要求更高。

1.6 数控机床的分类

1.6.1 按工艺用途分类

按工艺用途不同，数控机床可分为金属切削类、金属成型类、特种加工类及其他类型，如表1-2所示。

表1-2 数控机床按工艺用途分类

类型	常用的机床
金属切削类	数控车床、数控钻床、数控铣床、数控磨床、数控镗床、加工中心等
金属成型类	数控弯折机、数控组合冲床、数控弯管机、数控回转头压力机等
特种加工类	数控线(电极)切割机床、数控电火花加工机床、数控火焰切割机、数控激光切割机床、专用组合机床等
其他类型	非加工设备采用数控技术，如自动装配机、多坐标测量机、自动绘图机、工业机器人等

1.6.2 按运动方式分类

按运动方式不同，数控机床可分为点位控制类、直线控制类和轮廓控制类。

1. 点位控制类

这类数控机床只控制刀具相对工件从某一个加工点移到另一个加工点之间的精确坐标位置，在运动和定位过程中不完成任何加工工序，如数控钻床、数控坐标镗床和数控冲剪床等。点位控制加工方式如图1-7所示。

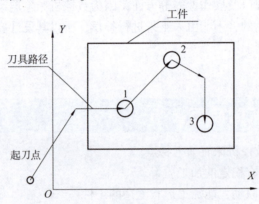

图1-7 点位控制加工方式

2. 直线控制类

这类数控机床不仅能控制点与点的精确位置，能实现平行于坐标轴的直线进给运动或控制两个坐标轴实现斜线进给运动，还能使刀具在移动过程中按给定的进给速度进行加工，如数控车床、数控铣床等。直线控制加工方式如图1-8所示。

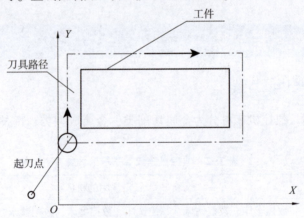

图1-8 直线控制加工方式

3. 轮廓控制类

这类数控机床不仅控制每个坐标的行程位置，还控制每个坐标的运动速度，如数控车床、数控铣床、加工中心和特种加工机床等。各坐标的运动按规定的比例关系相互配合，精确地协调起来连续进行加工以形成所需要的直线、斜线、曲线、曲面。轮廓控制加工方式如图1-9所示。

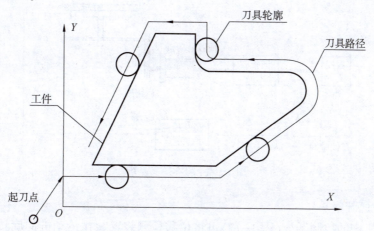

图1-9　轮廓控制加工方式

1.6.3　按控制方式分类

按控制方式不同，数控机床可分为开环控制类、闭环控制类和半闭环控制类。

1. 开环控制类

这类数控机床的控制系统(图1-10)没有位置检测装置，即不能将位移的实际值反馈后与指令值进行比较修正，通常使用功率步进电动机作为执行元件，系统控制信号的流程是单向的。开环控制系统结构简单，反应迅速，工作稳定可靠，成本较低。但是，由于系统没有位置反馈装置，不能进行误差校正，系统的精度完全取决于步进电动机的步距精度和机械传动的精度，因此，开环控制系统仅适用于加工精度要求不高的中小型数控机床，特别是简易经济型数控机床。

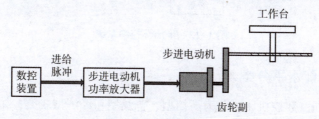

图1-10　开环控制系统

2. 闭环控制类

这类数控机床的控制系统(图1-11)带有位置检测装置，可将检测到的实际位移值反馈到数控装置中与输入的指令值进行比较，并用比较后的差值对机床进行修正，使执行机构按照实际需要的位移量运动，直至差值消除时才停止修正动作。这类机床一般采用直流伺服电动机或交流伺服电动机驱动。位置检测装置有直线光栅、磁栅和同步感应器等。

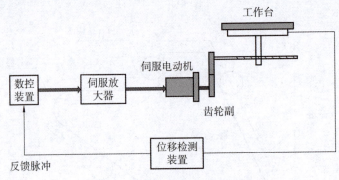

图1-11 闭环控制系统

3. 半闭环控制类

这类数控机床的控制系统(图1-12)可将位移检测装置装在传动链的旋转部位,如安装在驱动电动机的端部或传动丝杠的端部,所检测到的不是工作台实际的位移量,而是与位移量有关的旋转轴的转角量,能自动进行位置检测和误差比较,可对部分误差进行补偿控制,故其精度比闭环控制系统稍差,但比开环控制系统要高。由于这种系统结构简单,便于调整,检测元件价格也较低,因而是广泛使用的一种控制系统。

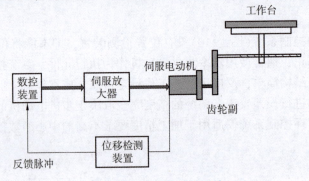

图1-12 半闭环控制系统

1.6.4 按功能水平分类

按功能水平不同,数控机床可分为高档型、普及型和经济型3类,如表1-3所示。

表1-3 数控机床按功能水平分类

类型	主控机	进给	联动轴数	进给分辨率 /μm	进给速度 /(m·min⁻¹)	自动化程度
高档型	32位微处理器	交流伺服驱动	5轴以上	0.1	≥24	具有通信、联网、监控管理等功能
普及型	16位或32位微处理器	交流或直流伺服驱动	4轴及以下	1	≤24	具有人机对话接口
经济型	单板机、单片机	步进电动机	3轴及以下	10	6~8	功能较简单

1.7 数控机床的主要性能指标

数控机床的主要性能指标如下。

(1)定位精度:数控机床工作台等移动部件在确定的终点所能达到的实际位置的精度。其误差是机床的定位误差。

(2)重复定位精度:在同一台数控机床上,应用相同的程序(代码)加工一批工件所能达到的连续结果的一致程度。其误差为重复定位误差。

(3)分度精度:分度工作台在分度时,理论要求回转的角度值和实际角度的差值。其误差为分度误差。

(4)分辨率与脉冲当量:数控机床所能反映到的机床执行机构上的最小移动量,即最小脉冲当量。

1.8 数控机床的型号

我国现在使用的数控机床型号较多,主要有以下 3 种表示方法。

1. 以机床的通用特性代号表示

根据 GB/T 15375—2008《金属切削机床 型号编制方法》的规定,在类代号之后加字母 K、H 表示。其中,K(拼音 kong 的第一个字母,大写)表示数控,读"控";H(拼音 huan 的第一个字母,大写)表示加工中心自动换刀,读"换"。例如,型号 CK6136 表示数控车床,XK5040 表示数控铣床,XH714 表示铣削类加工中心。此外,用 J 表示经济型,如 CJK6153 表示经济型数控车床。

2. 英文字母表示

例如,VMC850、FMC1000,其中 VMC 为 Vertical Machining Center(立式加工中心)的首字母缩写,FMC 为 Flexible Manufacturing Cell(柔性制造单元)的首字母缩写。

3. 以企业名称的拼音字母表示

例如,ZK400 表示镇江机床厂生产的数控机床;ZHS-K63 表示大连组合机床研究所生产的数控机床。

1.9 数控机床的发展趋势

随着计算机技术的发展,数控机床不断采用计算机、控制理论等领域的最新技术成就,使其朝着运行高速化、加工高精化、控制智能化、功能复合化、信息交互网络化、生产高柔化、发展绿色化方向发展。

1. 运行高速化

随着汽车、国防、航空、航天等行业的高速发展以及铝合金等新材料的应用,数控机床加工的高速化要求越来越高，主要体现在以下方面。

（1）主轴转速。机床采用电主轴（内装式主轴电动机），最高转速达 200 000 r/min。

（2）进给速度。在进给分辨率为 0.01 μm 时，最大进给速度达到 240 m/min，且可获得复杂型面的精确加工。

（3）运算速度。微处理器的迅速发展为数控系统向高速、高精度方向发展提供了保障，目前已开发出 32 位及 64 位 CPU，频率提高到几百兆赫兹、上千兆赫兹。由于运算速度的极大提高，当进给分辨率为 0.1、0.01 μm 时仍能获得高达 24~240 m/min 的进给速度。

（4）换刀速度。目前国外先进加工中心的刀具交换时间普遍已在 1 s 左右，高的已达 0.5 s。德国 Chiron 公司将刀库设计成篮子样式，以主轴为轴心，刀具在圆周布置，其换刀时间仅 0.9 s。

2. 加工高精化

数控机床精度的要求现在已经不再局限于静态的几何精度，机床的运动精度、热变形以及对振动的监测和补偿越来越受到重视，具体体现在以下方面。

（1）采用高速插补技术，以微小程序段实现连续进给，使控制单位精细化，并采用高分辨率位置检测装置，提高位置检测精度，位置伺服系统采用前馈控制与非线性控制等方法。

（2）采用反向间隙补偿、丝杆螺距误差补偿和刀具误差补偿等技术，对设备的热变形误差和空间误差进行综合补偿。数据显示，将综合误差补偿技术应用到机床中可将加工误差减少 60%~80%。

（3）采用网格检查和提高加工中心的运动轨迹精度，并通过仿真预测机床的加工精度，以保证机床的定位精度和重复定位精度，使其性能长期稳定，能够在不同运行条件下完成多种加工任务，并保证工件的加工质量。

3. 控制智能化

随着人工智能技术的发展，为了满足制造业生产柔性化、制造自动化的发展需求，数控机床的智能化程度在不断提高，具体体现在以下方面。

（1）加工过程自适应控制技术。通过监测加工过程中的切削力，主轴电动机和进给电动机的功率、电流、电压等信息，借助系统算法识别，来判断刀具的受力、磨损、破损状态及机床加工的稳定性状态，并根据这些状态实时调整加工参数（主轴转速、进给速度）和加工指令，使设备处于最佳运行状态，以提高加工精度、降低加工工件表面粗糙度值、提高设备运行的安全性。

（2）加工参数的智能优化与选择。将工艺专家或技师的经验、工件加工的一般与特殊规律，用现代智能方法，构造基于专家系统或基于模型的加工参数的智能优化与选择器，利用它获得优化的加工参数，从而达到提高编程效率和加工工艺水平、缩短生产准备时间的目的。

（3）智能故障自诊断与自修复技术。根据已有的故障信息，应用现代智能方法实现故障的快速准确定位。

（4）智能故障回放和故障仿真技术。能够完整记录系统的各种信息，对数控机床发生的各种错误和事故进行回放和仿真，以确定引起错误的原因，找出解决问题的办法，积累生产经验。

4. 功能复合化

复合机床是指能够实现或尽可能完成从毛坯至成品的多种要素加工的机床，根据结构特点不同可分为工艺复合型（如镗铣钻复合加工中心、车铣复合车削中心、铣镗钻车复合加工中心等）和工序复合型（如多面多轴联动加工的复合机床和双主轴车削中心等）两类。采用复合机床进行加工，减少了工件装卸、更换和调整刀具的辅助时间以及中间过程中产生的误差，提高了工件加工精度，缩短了产品制造周期，提高了生产效率，相比传统的工序分散的生产方法具有明显的优势。加工过程的复合化也导致了机床向模块化、多轴化方向发展。

5. 信息交互网络化

目前，先进的数控系统除了具有 RS232 接口，还具有能实现远程缓冲功能的 DNC 接口，为用户提供了强大的联网能力；同时，借助 DNC 接口可以实现多台数控机床间的数据通信和数控机床控制。有的已配备与工业局域网通信的功能以及网络接口，使得远程在线编程、远程仿真、远程操作、远程监控及远程故障诊断成为可能。互联网技术的发展，使数控机床既能实现网络资源共享，又能实现远程监视、控制、培训、教学、管理，还可实现数字化服务（如数控机床故障的远程诊断、维护等）。

6. 生产高柔化

柔性制造系统是由统一的信息控制系统、物流储存系统和一组数字控制加工设备组成，能适应加工对象变换的自动化机械制造系统，变换生产品种时，只要相应改变夹具、刀具和数控加工程序即可，非常方便。其优点是可节省很多专用工装和调试的辅助时间，缩短生产准备周期。例如，柔性生产线（Flexible Manufacturing Line，FML）、柔性制造单元（Flexible Manufacturing Cell，FMC）、柔性制造系统（Flexible Manufacturing System，FMS）。

7. 发展绿色化

发展绿色化的目标是实现环保、节能、降耗。具体措施：设计过程中大量使用可再生材料；工作过程中，采用变频技术降低怠速及能耗；使数控机床使用过程中减少废物排放50%以上等。

随着日趋严格的环境与资源约束，制造加工的绿色化越来越重要，而中国的资源、环境问题尤为突出。因此，近年来不用或少用切削液，实现干切削、半干切削、采油气液净化技术的节能环保的机床不断出现，并处在不断发展中。在 21 世纪，绿色制造的大趋势将使各种节能环保机床加速发展，占领更多的世界市场。

中国作为一个制造大国，主要优势在于劳动力、价格、资源等方面，产品的技术创新与自主开发能力和国外相比仍有差距。中国的数控产业不能安于现状，应该抓住机会不断发展，努力发展自己的先进技术，加大技术创新与人才培训力度，提高企业综合服务能力，努力缩短与发达国家之间的差距，力争早日实现数控机床产品从低端到高端、从初级产品加工到高精尖产品制造的转变，实现从中国制造到中国创造、从制造大国到制造强国的转变。

习题

一、填空题

1. 数控机床是由_____、_____、_____、_____组成的。

2. 数控机床按控制运动方式不同可分为_____、直线控制类和_____等。

3. 在轮廓控制中，为了保证一定的精度和编程方便，通常需要有刀具_____和_____补偿功能。

4. 步进电动机一般用于_____控制系统。

5. 检测旋转位移传感器有_____、圆光电编码器等。

6. NC 机床的含义是数控机床，CNC 的含义是_____，FMS 的含义是_____，CIMS 的含义是_____。

二、选择题

1. 采用经济型数控系统的机床不具有的特点是(   )。

A. 采用步进电动机伺服系统   B. CPU 可采用单片机

C. 只配必要的数控功能   D. 必须采用闭环控制系统

2. 按控制方式不同，数控机床可分为(   )。

A. 开环控制类、闭环控制类和半闭环控制类

B. 点位控制类和连续控制类

C. 多功能数控机床和经济型数控机床

D. NC 机床和 CNC 机床

3. CNC 系统一般可用几种方式得到工件的数控加工程序，其中 MDI 是(   )。

A. 利用磁盘机读入程序   B. 从串行通信接口接收程序

C. 利用键盘以手动方式输入程序   D. 从网络通过 Modem 接收程序

4. 所谓联机诊断，是指数控计算机中的(   )。

A. 远程诊断能力   B. 自诊断能力   C. 脱机诊断能力   D. 通信诊断能力

5. 世界上第一台数控机床诞生在(   )。

A. 美国   B. 日本   C. 德国   D. 英国

6. 数控机床的数控装置包括(   )。

A. 光电读带机和输入程序载体   B. 步进电动机和伺服系统

C. 输入、信息处理和输出单元   D. 位移、速度传感器和反馈系统

7. 数控机床中的核心部件是(   )，它就像人的"大脑"。

A. 数控加工程序   B. 伺服驱动系统   C. 数控装置   D. 机床本体

8. 按运动方式不同，数控机床可分为(   )。

A. 点位控制类、直线控制类和轮廓控制类

B. 硬线类、软线类

C. 开环控制类、闭环控制类和半闭环控制类

D. 车床类、铣床类

三、简答题

1. 数控机床的加工原理是什么？

2. 数控机床未来的发展趋势是什么?

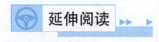

延伸阅读 ▶▶ ▶

国产数控机床龙头企业——华中数控

自20世纪90年代起,我国数控机床市场需求急剧增加,到2003年已成为世界第一大消费国、进口国和第四大生产国。截至2005年年底,日本FANUC公司和德国SIEMENS公司两大数控业巨头占据95%的市场份额,基本上垄断了中国中高档数控机床市场。

国外公司依靠垄断地位,不仅要价昂贵,还联手对我国实行技术封锁。武汉华中数控股份有限公司(以下简称华中数控)通过自主创新,成功开发了5轴联动数控机床,瞬间动摇了国外公司垄断市场的格局,在夺取市场份额的同时促使国外产品价格下降。

华中"世纪星"系列数控机床(图1-13),采用以工业PC为硬件平台的开放式体系结构的创新技术路线,通过软件技术的创新,实现了数控技术的突破。以工业PC作为数控系统的硬件平台,不仅能够大幅提高性价比,还能够充分利用计算机领域的最新研究成果,如大容量存储器、高分辨率彩色显示器、多媒体信息交换、联网通信等。此外,数控系统还能随着PC技术的进步而发展,从而长期保持技术上的优势。通过持续发展和创新,华中数控已经开辟了一条民族数控机床产业的发展之路,现已推出10多种系列、30多个特种数控机床产品,广泛应用于车、铣、刨、磨、冲、车铣复合、齿轮、仿形、激光等加工行业。

图1-13 华中"世纪星"系列数控机床

21世纪初,我国经济与国际全面接轨,迎来了一个蓬勃发展的新时期。机床制造业既受益于机械制造业需求水平提升而带来的发展机遇,也面临着加入世界贸易组织后激烈的国际市场竞争压力,加速推进数控机床的发展成为解决机床制造业持续发展的关键。随着机械制造业对数控机床的大量需求以及计算机技术和现代设计技术的飞速进步，数控机床的应用范围不断扩大，并不断发展以更好地适应生产加工的需求。作为掌握数控机床高端研发技术的卓越企业，华中数控还在机器人、教育设备和特种装备等领域不断投入，响应《中国制造2025》提出的国家工业生产向高端化、智能化、绿色化方向发展。

第2章
数控编程基础及加工工艺分析

 学习目标 ▶▶ ▶

　　了解数控机床加工工艺和编程的基本概念，掌握数控加工程序的编制方法以及加工工艺设计过程。

 学习任务 ▶▶ ▶

　　通过本章的学习，读者需要掌握以下知识：
　　(1)数控加工程序编制的内容和步骤；
　　(2)数控加工程序格式及常用功能；
　　(3)典型数控加工工艺设计过程。

2.1 概述

　　数控加工程序(以下简称加工程序)：根据被加工工件的图纸、技术要求和工艺要求等信息，按照具体数控系统所规定的指令和格式编制的加工指令序列。加工程序通过控制数控机床的动作，实现工件的全部加工过程。改变加工程序可以达到加工不同工件的目的。

　　数控编程：从工件图的分析到制成加工程序单的全部过程。编程员需要通晓机械加工工艺、机床、刀具、数控系统的性能，并能根据工厂的生产特点和生产习惯进行编程工作。数控编程的准确性和可靠性直接影响数控机床的正确使用和数控加工特点的发挥，甚至会影响机床和操作者的安全。

2.1.1 加工程序编制步骤

　　加工程序编制步骤如下。
　　(1)对工件进行工艺分析，确定加工部位及加工方法。
　　(2)确定定位、装夹方法，如有需要则设计专用夹具。

(3)选择编程原点，确定工件坐标系，并满足以下要求。

①使编程零点与工件尺寸基准重合。

②使编程计算简单，避免出现尺寸计算误差。

③引起加工误差最小。

④编程零点应选在容易找正、加工过程中便于测量的位置。

(4)确定加工顺序，布置刀具并选刀，且满足以下要求。

①一次装夹中尽量一次加工完成该刀加工的所有部位，减少换刀次数。

②根据工艺原则先粗加工后精加工。

此步骤中应注意刀具干涉问题。

(5)确定走刀路线。尽量使走刀路线最短，减少空行程，提高效率。

此步骤中应注意刀具运动方向与运动轨迹进退问题。

(6)确定加工所用的各种工艺参数，如主轴转速、进给速度、切削量等。

注意：将所需刀具按工序编号，并使刀长、刀径补正相对应。

(7)计算基点坐标值。

(8)编写程序，注意小数点。

(9)检查程序。

①检查功能指令代码是否错漏，先查辅助功能指令代码 M，再查准备功能指令代码 G。

②沿走刀路线检查 G01、G02、G03 等刀偏指令，刀补号，增量绝对值。

③检查刀具代码与加工部位是否一致。

④检查数据是否正确无误。

(10)试切削。

①图形运行检查。

②空运行。

③实物慢速切削。

(11)完善程序。

2.1.2　加工程序中的基本概念

加工程序中的基本概念如下。

(1)位址(地址)：字(A~Z)中的一个字母，指定其后数值的意义。

(2)字元(字)：由位址及其后的数字按照一定的规则组成的控制讯息。

(3)单节(程序段)：由几个字构成。

(4)程序格式：由程序编号、程序内容和程序结束段组成。

2.1.3　各位址含义

各位址含义如下。

E：英制螺纹牙数(1 in = 25.4 mm)。

F：进给速度，单位为 mm/min。

G：准备功能，设立机床或控制系统工作方式的一种命令。

I：X 轴向位置差。

J：Y 轴向位置差。

K：Z 轴向位置差。

L：重复次数。

M：辅助功能。

N：序号（0～9999）。

O：程序号（0～9999）。

P：子程序代号；停顿时间。

Q：刀尖偏移量（镗孔）；每次进给量（啄式钻孔）。

R：半径；循环起点（固定循环）。

S：主轴转速。

T：刀具号。

X：X 轴向坐标值；停顿时间。

Y：Y 轴向坐标值。

Z：Z 轴向坐标值。

2.1.4　G 功能

G 功能又称为 G 代码或 G 指令，用来规定刀具和工件的相对运动轨迹、机床坐标系、插补坐标平面、刀具补偿、坐标偏置等各种加工操作。G 指令分为单步 G 指令和模态 G 指令两种。单步 G 指令：只在被指定的程序段中才有效的指令。模态 G 指令：直到相同组中的其他 G 指令被指定之前有效的 G 指令。

数控机床常用 G 指令的功能如表 2-1 所示。

表 2-1　数控机床常用 G 指令的功能

指令	组	功能	备注
▼G00	01	快速定位	刀具远距离快速接近或离开工件
G01		直线切削	两点间切削形状为直线（如外径、内径、斜面）
G02		顺时针圆弧切削	—
G03		逆时针圆弧切削	—
G04	00	暂停	切沟槽时防止沟底未完全切削
G20	06	英制输入	—
▼G21		公制输入	—
G28	00	机械原点回归	
G32	01	螺纹切削	车螺纹（可车连续螺纹及八字油槽）
▼G40	07	刀具半径补正取消	在车削斜面、圆弧时用于刀尖误差补正
G41		刀具半径补正偏左	
G42		刀具半径补正偏右	

指令	组	功能	备注
G50	00	最高转速设定	防止转速过高而产生危险
G70		精车削加工循环	用于加工量较多、需车好几刀的工件，或节省程序
G71		横向车削复循环	
G72		纵向车削复循环	
G73		成型加工循环	用于以铸造、锻造方式做成固定形状的工件
G74		Z轴啄式钻孔（沟槽循环）	钻孔时啄式进退刀，达到断屑效果
G75		X轴方向沟槽切屑循环	用于大面积及大数量的外径插槽
G76		螺纹复循环切削	车螺纹
G90	01	外径自动循环切削	—
G92		螺纹自动循环切削	车螺纹
G94		端面自动循环切削	—
G96	02	线速一定	转速会随工件直径的改变而改变
▼G97		转速一定	转速不会随工件直径的改变而改变
G98	05	每分钟进刀量/(mm·min^{-1})	刀具每分钟进给多少毫米
▼G99		每转进刀量/(mm·r^{-1})	刀具每转进给多少毫米

注：1. 每一个单节内不能出现同一个组的指令。

2. 有▼标记的指令为开机时即被设定的指令。

3. 一个单节上可使用若干不同组的 G 指令，若使用一个以上的同组的 G 指令，则只有排列在最后的一个有效。

2.1.5　M功能

M 功能又称为 M 代码或 M 指令，用来控制机床的各种辅助动作及开关状态，如主轴的转与停、切削液的开与关等。在程序的每一个语句中，M 指令只能出现一次。数控机床常用 M 指令的功能如表 2-2 所示。

表 2-2　数控机床常用 M 指令的功能

指令	功能
M00	程序暂停，主轴停止，如欲再启动程序，则按"CYCLE START"键继续
M01	须看"停止（OSP）"键是否被按下，若是，则状态动作同 M00；若否，则继续下一单节
M02	程序停止，主轴状态不变，欲回到程序的前端，必须按"RESET"键（此时主轴停止）
M03	主轴正转，转速由 S 指令确定
M04	主轴反转，转速由 S 指令确定
M05	主轴停止

指令	功能
M08	切削液开(面板上切削液自动开关须为启动状态)
M09	切削液关
M10	夹头夹紧(当主轴停止时)
M11	夹头松开(当主轴停止时)
M12	尾座心轴伸出(主轴必须停止旋转)
M13	尾座心轴退回尾座内(主轴必须停止旋转)
M19	主轴定位
M30	程序停止且程序停止灯亮,加工程序再回到程序前端
M33	程序遇到 G76 时,进行倒角;角度由参数 P109(0-TC/D)指定
M34	程序遇到 G76 时,不进行倒角
M43	主轴正转且切削液开(M43＝M03+M08)
M44	主轴反转且切削液开(M43＝M03+M08)
M45	主轴停止且切削液关(M45＝M05+M09)
M53	主轴吹气启动
M54	主轴吹气解除
M98	呼叫子程序
M99	子程序结束,回到主程序

2.2　数控机床的坐标系

在加工程序编制中,需要确定运动坐标轴控制符的名称及方向,为了简化程序编制及保证具有互换性,规定机床坐标系是一个右手笛卡儿直角坐标系(图 2-1),它确定直角坐标系 X、Y、Z 各轴的回转运动的名称及方向。而坐标的正负方向是以刀具在该坐标系中移动的方向来判断的。

数控机床的坐标轴一般以刀具离开工件的方向为正方向。

不论机床在加工中是刀具移动,还是被加工工件移动,都一律假定被加工工件静止不动而刀具在移动。

1. 坐标轴的确定

1)Z 轴的确定

(1)平行于机床主轴(传递切削动力)轴线的刀具运动方向作为 Z 轴。

(2)对于卧式车床和铣床等有主轴的机床,以机床主轴轴线作为 Z 轴。

(3)对于没有主轴的机床如牛头刨床,规定垂直于装夹工件的工作台的方向为 Z 轴方向。

(4)对于有几根主轴的机床如龙门铣床,选择其中一个与工作台面相垂直的主轴为主要主轴,并以它来确定 Z 轴方向。

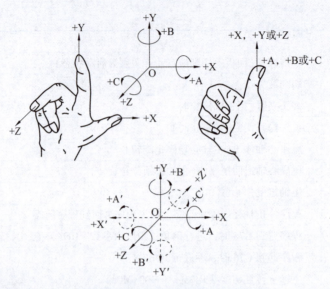

图 2-1 右手笛卡儿直角坐标系

2）X 轴的确定

X 轴规定为水平方向，垂直于 Z 轴且平行于工件的装夹平面。

（1）对于工件旋转的机床如车床、磨床等，X 轴为工件的径向且平行于横向滑座。

（2）对于刀具旋转的机床，若 Z 轴为垂直的，如立式铣床、钻床等，面对刀具（主轴）向立柱方向看，X 轴的正方向指向右边；若 Z 轴是水平的，如卧式铣床、镗床等，则从刀具（主轴）后端向工件方向看，X 轴的正方向指向右边。

（3）对于没有主轴的机床如刨床等，则选定主要切削方向为 X 轴方向。

3）Y 轴的确定

（1）Y 轴垂直于 X、Z 轴，可根据右手笛卡儿直角坐标系来确定。

（2）对于卧式车床，由于刀具无需做垂直方向的运动，故不需要规定 Y 轴。

原则：先确定 Z 轴，再确定 X 轴，最后确定 Y 轴。机床上对应各坐标轴如图 2-2 所示。

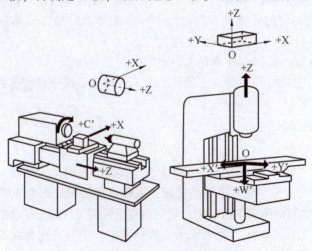

图 2-2 机床上对应各坐标轴

2. 机械原点(又叫机床原点)

(1)机床上有设定一个特定的位置,它在机床装配、调试时就已确定,是机床进行加工运动的基准参考点,称机械原点。机械原点一般取在 X、Y、Z 三个坐标轴正方向的极限位置上。

(2)机床每次开机、断电、故障、机械锁定后都要对机床进行一次手动原点复位(回零)操作。

(3)机床上各种坐标系的建立都是以机械原点为参考点而确定的。

(4)必要时在进行坐标设定及对刀之前要进行手动原点复位操作。

3. 机械坐标系

机械坐标系是以机械原点为坐标原点建立的坐标系。

4. 工件原点

(1)编程原点:编程原点是数控机床上用来定义坐标系的参考点。它是工件坐标系的零点,也可以称为绝对原点。在编程中,所有的坐标值都是相对于编程原点来定义的。通过在编程中设置编程原点,操作员可以准确地定位和控制机床的加工路径。

(2)工件原点:工件原点是实际加工的工件上的参考点。它是机床上与工件上所需加工位置相对应的点。通常情况下,工件原点位于工件的某个特定位置,例如,工件的中心点、边缘点或者其他重要特征点。在编程过程中,将工件原点与编程原点进行关联,可以在加工过程中准确地确定切削点的位置。但在实际加工过程中,为了方便计算,一般将工件原点作为编程原点。

(3)对于数控车床,编程原点一般既为对刀点,通常将主轴中心设为 X 轴方向的原点,将加工工件精切后的右端面或精切后的加紧定位面设定为 Z 轴方向的原点。

5. 工件坐标系

工件坐标系是以工件原点为坐标原点建立的坐标系,是用来确定工件几何形状上各要素的位置而设置的坐标系。

机械原点、编程原点及坐标系的位置关系,如图 2-3 所示。图中各交点的程序坐标如图 2-4 所示。

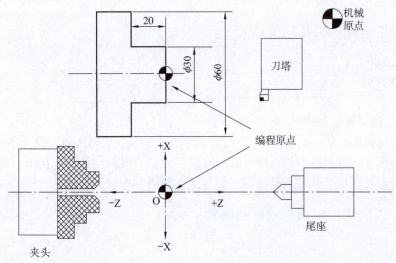

图 2-3 机械原点、编程原点及坐标系的位置关系

A (X0　Z0)
B (X20.0　Z0)
C (X20.0　Z−20.0)
D (X35.0　Z−20.0)

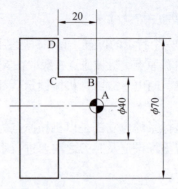

图 2-4　各交点的程序坐标

2.3　常用功能

2.3.1　F 功能：刀具进给速度功能

G98：每分钟进给量（mm/min）。例如：

G98　G01　Z−10.0　F100

表示车刀每分钟移动 100 mm。

G99：每转进给量（mm/r）。例如：

G99　G01　Z−10.0　F0.2

表示主轴每转一转，车刀移动 0.2 mm。

$\left.\begin{array}{l}\text{G32}\\ \text{G92}\\ \text{G76}\end{array}\right\}$X(U)_Z(W)_F_：螺纹切削进给速度（mm/r）。

其中，F_为指定螺纹的螺距。

2.3.2　T 功能：刀具功能

指令格式如下：

T　　XX　　　XX
　　 ↓ 　　　 ↓
　刀具号码　补偿号码

例如：T0101 表示选择 1 号刀具，1 号补正；T0115 表示选择 1 号刀具，15 号补正。

注意：刀具号码与刀塔上的刀位号必须对应一致；刀具补偿号码包括形状补偿和位置补偿；刀具号码与刀具补偿号码不必相同，但为了方便通常使它们一致。

2.3.3　S 功能：控制主轴转速功能

指令格式如下：

G50 S_：

S 后跟最大主轴速度值，防止工件因主轴转速太快而产生危险（如飞出来）。

例如：

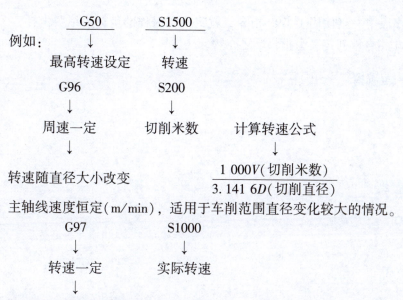

主轴线速度恒定（m/min），适用于车削范围直径变化较大的情况。

G97　　　　　　S1000
　↓　　　　　　　↓
转速一定　　　　实际转速
　↓
转速不随直径大小改变

主轴转速用每分钟转速设定（r/min），适用于车削范围直径变化较小及车螺纹的情况。

2.4　常用指令

2.4.1　编程坐标方式选择

G90 绝对坐标：在编程坐标系中，以编程原点为基准的坐标。

指令格式如下：

G90 X_Y_Z_；

G91 增量坐标：以前一点为基准的坐标。

指令格式如下：

G91 X_Y_Z_；

如图 2-5 所示，绝对坐标编程：

G90 X60 Y150；

增量坐标编程：

G91 X−140 Y90；

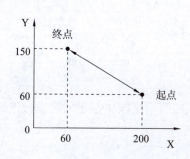

图 2-5　绝对坐标与增量坐标示例

注意：在某一程序段中一旦使用了 G90 指令，就定义了编程的坐标为绝对坐标，一直持续有效，直到用 G91 指令重新定义为止，反之亦然。

2.4.2　工作平面选择

G17：XY 平面。
G18：ZX 平面。
G19：YZ 平面。

2.4.3　单位选择

G20：英制输入。
G21：公制输入。

2.4.4　原点复位

G28：原点复位。
一般在开机时可不用原点复位。若要在程序中编入，指令格式如下：
G91 G28 X0 Y0 Z0；
原点复位后，原点指示灯亮。

2.4.5　第二原点复位

G30：第二原点复位。
指令格式如下：
G91 G30 X0 Y0 Z0；

2.4.6　快速定位

G00：刀具以点位控制方式，从所在点以最快的速度移动到目标点。
三轴联动时的指令格式如下：
G00 X_Y_Z_；
其中，X、Y、Z 轴也可单独移动或任意组合，其速度由参数设定。
由于是快速，所以只用于空程，不能用于切削。
G00 走刀方式：　　　　　　　(X，Y，Z)

2.4.7　直线切削

G01：刀具以直线控制方式按照程序段中指定的速度做进给运动，用于加工直线轨迹。
指令格式如下：
G01 X_Y_Z_F_；
其中，F_表示进给速度，单位为 mm/min。

G01 走刀方式：　　　　　　　　(X，Y，Z)

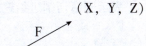

F

如图 2-6 所示，单铣外形，走直线，加工程序如下：

```
G17 G54 G90;
G00 X0 Y0;
G01（X0）Y65 F100;
        X70（Y65）;
    （X70）Y25;
        X55 Y0;
        X0（Y0）;
```

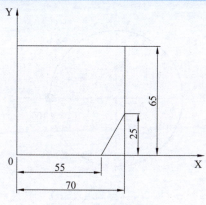

图 2-6　直线切削示例

2.4.8　圆弧切削

G02：顺时针圆弧切削。

G03：逆时针圆弧切削。

圆弧是沿垂直于圆弧所在平面的坐标轴的负方向来观察的，以判断顺逆方向，圆弧走刀轨迹如图 2-7 所示。

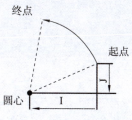

图 2-7　圆弧走刀轨迹

指令格式有以下两种。

第一种：

$$\left.\begin{matrix} G02 \\ G03 \end{matrix}\right\} X\_Y\_R\_F\_;$$

其中，X_Y_表示圆弧终点坐标；R_表示圆弧的半径值，当圆弧圆心角≤180°时，R 以正值表示,当圆弧圆心角>180°时,R以负值表示;F_表示圆弧切削进给速度。

第二种:

$$\left.\begin{matrix}G02\\G03\end{matrix}\right\} X\_Y\_I\_J\_F\_;$$

其中,X_Y_表示圆弧终点坐标;I_J_表示圆弧圆心相对于圆弧起点的矢量(矢量方向指向圆心)在X、Y坐标上的分量,即弧中心坐标减去圆弧起始点坐标即得I、J;F_表示圆弧切削进给速度。

当圆弧小于360°时以上两种方法都可使用。

整圆编程,走刀轨迹如图2-8所示,加工程序如下:

```
G00 X100 Y0;
G02 I-100 F100;
```

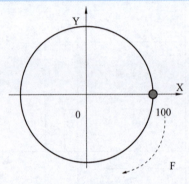

图2-8　整圆走刀轨迹

如图2-9所示,单铣外形,走直线、圆弧,加工程序如下:

```
G00 G90 G54 X0 Y0;
G01 Y22.5 F100;
G03 Y42.5 R10;
G01 Y65;
    X62;
G03 X70 Y57 R8;
G01 Y8;
G02 X62 Y0 R8;
G01 X0;
```

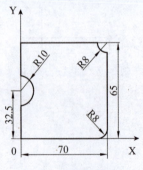

图2-9　圆弧切削示例

2.4.9 进给暂停

G04：进给暂停。

指令格式如下：

G04 X_；或 G04 P_；

其中，X_表示暂停时间，单位为 s；P_表示暂停时间，单位为 1/1 000 s，数值不用小数点。

2.5 刀具半径补偿

2.5.1 刀具半径补偿的概念

用铣刀铣削工件轮廓时，刀具中心的运动轨迹并不是加工工件的实际轮廓。加工内轮廓时，刀具中心要向工件的内侧偏移一个距离；而加工外轮廓时，刀具中心要向工件的外侧偏移一个距离，这个偏移就是所谓的刀具半径补偿。

刀具半径补偿功能：数控系统根据加工程序中的工件轮廓和刀具半径补偿值，自动计算出刀具中心轨迹。

2.5.2 刀具半径补偿的指令

G41：刀具左补偿。

沿刀具运动方向看去，刀具在加工轮廓的左侧，如图 2-10(a)所示。

G42：刀具右补偿。

沿刀具运动方向看去，刀具在加工轮廓的右侧，如图 2-10(b)所示。

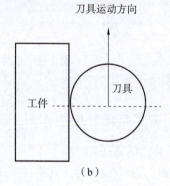

图 2-10 刀具半径补偿效果

(a)刀具左补偿；(b)刀具右补偿

G40：取消刀具半径补偿。

取消刀具半径补偿后，刀具所走的坐标为刀具中心的坐标。

指令格式如下：

$\left.\begin{matrix} G41 \\ G42 \end{matrix}\right\}$ X_Y_D_；

其中，X_Y_表示刀具运动的坐标值；D_表示刀具半径补偿号，所补偿的数据在数控系统内部存储单元中存储(加工前要输入数控系统)。

注意：轮廓加工完成后，必须用 G40 指令取消刀具半径补偿，否则会对以后的刀具加工轨迹产生影响。

2.5.3　刀具半径补偿的建立与取消

刀具半径补偿的建立：刀具中心从与编程轨迹重合过渡到与编程轨迹偏离一个偏置量的过程，如图 2-11(a)所示。

刀具半径补偿的取消：刀具离开工件，刀具中心轨迹过渡到与编程轨迹重合的过程，如图 2-11(b)所示。

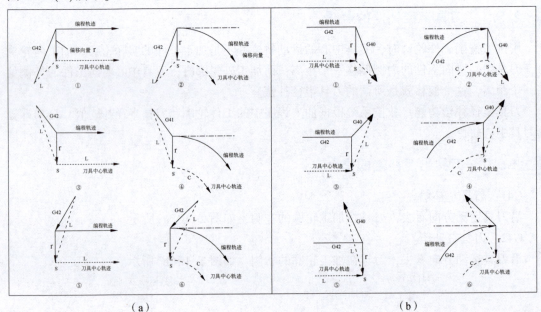

（a）　　　　　　　　　　　　（b）

图 2-11　刀具半径补偿的建立与取消

(a)建立；(b)取消

2.5.4　刀具半径补偿的作用

刀具半径补偿的作用如下。

(1)当用圆头刀具加工时，只需按照工件轮廓编程，不必按刀具中心轨迹编程，大大简化了程序编制。

(2)通过刀具半径补偿功能，可以很方便地留出加工余量，很方便地实现先粗后精加工。

(3)可以补偿由于刀具磨损等因素造成的误差，提高工件的加工精度。

例如：对图 2-12 所示工件分别用 G41、G42 指令编程(不考虑 Z 轴方向)，加工程序如下。

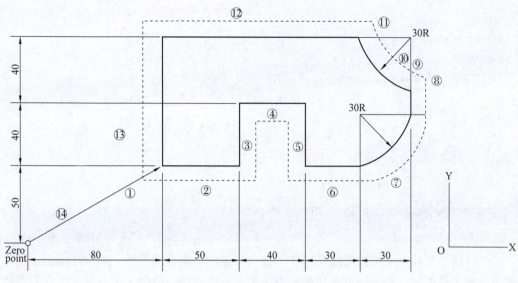

图 2-12　刀具补偿示例

用 G41 指令:

G40;	//取消刀具半径补偿
G00 G90 G54 X0 Y0;	//绝对坐标编程快速移动到 G54 坐标原点
M13 S600;	//主轴正转,切削液开,转速 600 r/min
G01 G41 X80 Y50 D01 F50;	//加左刀补铣外轮廓
Y130;	
X200;	
G03 X230 Y100 R30;	
G01 Y80;	
G02 X200 Y50 R30;	
G01 X170;	
Y90;	
X130;	
Y50;	
X80;	
G00 G40 X0 Y0;	//取消刀具半径补偿
M30;	//程序结束

用 G42 指令:

G40;	//取消刀具半径补偿
G00 G90 G54 X0 Y0;	//绝对坐标编程快速移动到 G54 坐标原点
M13 S600;	//主轴正转,切削液开,转速 600 r/min
G01 G42 X80 Y50 D01 F50;	//加右刀补铣外轮廓
X130;	
Y90;	
X170;	
Y50;	

```
X200;
G03 X230 Y80 R30;
G01 Y100;
G02 X200 Y130 R30;
G01 X80;
Y50;
G00 G40 X0 Y0;              //取消刀具半径补偿
M30;                       //程序结束
```

2.6 数控加工工艺设计过程

工艺分析是数控加工的前期准备工作。加工工艺制订得合理与否，对程序编制、机床的加工效率和工件的加工精度都有重要的影响。因此，应遵循一般的工艺原则并结合数控机床的特点，认真而详细地制订好工件的加工工艺。其主要内容有分析工件图样，确定工件的装夹方式、各表面的加工顺序和刀具的进给路线等。

数控加工工艺设计过程如下。

(1)数控加工工艺设计准备。

(2)机床的选择。

(3)加工工序的划分。

(4)加工顺序的安排。

(5)工件装夹方式的确定。

(6)对刀点与换刀点的确定。

(7)走刀路线的选择。

(8)加工方案的确定。

2.6.1 数控加工工艺设计准备

1. 对工件图进行数控加工工艺分析

工件图分析是工艺制订中的首要工作，主要包括以下几个方面。

(1)尺寸标注方法分析。通过对标注方法的分析，确定设计基准、定位基准、测量基准和编程基准之间的关系，尽量做到基准统一。

①设计基准。车床上所能加工的工件都是回转体工件，通常径向设计基准为回转中心，轴向设计基准为工件的某一端面或几何中心。

②定位基准。定位基准即加工基准，数控车床加工轴套类及轮盘类工件的定位基准只能是被加工表面的外圆面、内圆面或工件端面中心孔。

③测量基准。测量基准用于检测机械加工工件的精度，包括尺寸精度、形状精度和位置精度。

(2)轮廓几何要素分析。通过分析工件的轮廓几何要素，确定需要计算的节点坐标，以便确定编程需要的代码。

（3）精度及技术要求分析。只有通过对精度和技术要求的分析，才能正确合理地选择加工方法、装夹方法、刀具及切削用量等，才能保证加工精度。

2. 对工件毛坯的工艺性分析

（1）毛坯的加工余量应充足并尽量均匀。

（2）分析毛坯在定位安装方面的适应性。

主要考虑毛坯在加工时定位和夹紧的可靠性与方便性，以便在一次安装中加工出尽量多的表面。

2.6.2　机床的选择

在数控机床上加工工件，一般有两种情况。

第一种情况：有工件图样和毛坯，要选择适合加工该工件的数控机床。数控车床适合加工形状比较复杂的轴类工件和由复杂曲线回转形成的模具内型腔，数控铣床适合加工各种复杂的平面、曲面和壳体类工件。

第二种情况：已经有了数控机床，要选择适合在该机床上加工的工件。

无论哪种情况，考虑的因素主要有毛坯的材料和类型、工件轮廓形状的复杂程度、尺寸大小、加工精度、工件数量、热处理要求等。

机床的选用原则如下。

（1）要保证加工工件的技术要求，加工出合格的产品。

（2）有利于提高生产率。

（3）尽可能降低成本。

2.6.3　加工工序的划分

加工工序是工艺过程的基本组成部分，并且是生产计划的基本单元。以图 2-13 所示工件为例，该工件的加工工序划分示例如表 2-3 所示。

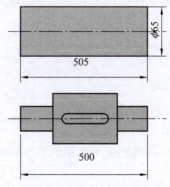

图 2-13　工件示例

表 2-3　加工工序划分示例

工序编号	工序名称	工作地点
1	打顶尖孔	定尖孔机床
2	车外圆	车床

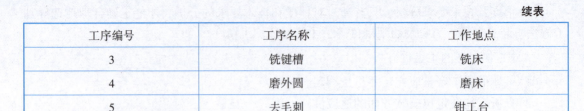
续表

工序编号	工序名称	工作地点
3	铣键槽	铣床
4	磨外圆	磨床
5	去毛刺	钳工台

划分加工工序的方法如下。

（1）按工序集中的原则划分加工工序。在一次装夹下尽可能完成大部分甚至全部的加工。

（2）按工件加工表面划分加工工序。将位置精度要求高的表面安排在一次装夹下完成，以免多次装夹产生的安装误差影响工件位置精度，导致产品最终的形状、尺寸出现偏差。

（3）按粗精加工划分加工工序。根据工件要求，将粗加工、精加工划分成两道或更多的工序。

2.6.4　加工顺序的安排

加工顺序一般遵循下列原则安排。

（1）先粗后精。按照粗车—半精车—精车的顺序进行，逐步提高加工精度。粗车时先短时间内把工件毛坯上的大部分加工余量切除，在提高加工效率的同时，还可满足精车余量均匀性的要求。

（2）先近后远。这里的远近是按加工部位相对于对刀点的距离大小而言的。一般情况下，为了减少空程时间，离对刀点远的部位后加工，对刀点一般选择在工件的右端面。

（3）内外交叉。对既有内表面（内型腔）又有外表面需要加工的工件，安排加工顺序时，应先进行内、外表面的粗加工，后进行内、外表面的精加工。切不可将工件的一部分表面（外表面或内表面）加工完了后再加工其他表面。

（4）基面先行。用于精基准的表面应优先加工出来，因为定位基准的表面越精确，装夹误差就越小。

2.6.5　工件装夹方式的确定

1. 工件基准与夹紧方案的确定

在确定定位基准与夹紧方案时应注意以下事项。

（1）力求设计、工艺与编程计算的基准统一。

（2）尽量减少装夹次数，尽可能做到在一次定位装夹后就能加工出全部待加工表面。

2. 夹具的选择

（1）当工件加工批量小时，尽量采用组合夹具、可调式夹具及其他通用夹具。

（2）当小批或成批生产时，可考虑采用组合夹具，但应力求结构简单。

（3）夹具要开敞，其定位、夹紧机构元件不能影响加工中的走刀（如生产碰撞）。

（4）夹紧力应力求通过靠近主要支撑点或在支撑点所组成的三角形内。应力求靠近切削部位，并在刚性较好的地方，尽量不要在被加工孔的上方，以减小工件变形。

（5）装卸工件要方便可靠，以缩短准备时间。有条件时，对批量较大的工件应采用气动或液压夹具。

2.6.6　对刀点与换刀点的确定

对刀点是数控加工中刀具相对工件运动的起点。在编程时不论是刀具相对工件移动，还是工件相对刀具移动，都是把工件看作静止，刀具在运动。

通常把对刀点称为编程原点，它可以设在被加工工件上（如工件的定位孔中心距机床工作台或夹具表面的某一点处），也可以设在与工件定位基准有固定尺寸关系的夹具上的某一位置（如专门在夹具上设计一圆柱销或孔等）。

对刀点的确定原则如下。

（1）找正容易。

（2）编程方便。

（3）对刀误差小。

（4）加工时检查方便、可靠。

换刀点是为加工中心、数控车床等多刀加工的机床编程而设置的。为防止换刀时碰伤工件或夹具，换刀点常常设置在被加工工件的外面，并要有一定的安全量。

2.6.7　走刀路线的确定

走刀路线是指数控加工过程中刀具相对于被加工工件的运动轨迹和方向。走刀路线的合理确定是非常重要的，因为它与工件的加工精度和表面质量密切相关。

在确定走刀路线时，主要考虑下列几点。

（1）保证工件的加工精度要求。

（2）方便数值计算，减少编程工作量。

（3）寻求最短加工路线，减少空刀时间以提高加工效率。

（4）尽量减少程序段数。

（5）为保证工件轮廓表面加工的粗糙度要求，最终轮廓应安排最后一次走刀连续加工出来。

（6）刀具的进退刀（切入和切出）路线要认真考虑，以尽量减少在轮廓处停刀（切削力突然变化造成弹性变形）而留下刀痕，也要避免在工件轮廓面上垂直下刀而划伤工件。

2.6.8　加工方案的确定

制订加工方案的一般原则为：先粗后精，先近后远，先内后外，程序段最少，走刀路线最短以及特殊情况特殊处理。

（1）先粗后精：为了提高生产效率并保证工件的精加工质量，在切削加工时，应先安排粗加工工序，在较短的时间内，将精加工前大量的加工余量切除，同时尽量满足精加工的余量均匀性要求。当粗加工工序安排完后，应接着安排换刀后进行的半精加工和精加工。其中，安排半精加工的目的是，当粗加工后所留余量的均匀性满足不了精加工要求时，则可安排半精加工作为过渡性工序，以使精加工余量小而均匀。

在安排可以一刀或多刀进行的精加工工序时，其工件的最终轮廓应由最后一刀连续加工而成。这时，加工刀具的进退刀位置要考虑妥当，尽量不要在连续的轮廓中安排进退刀或换刀及停顿，以免因切削力突然变化而造成弹性变形，致使光滑连接轮廓上产生表面划伤、形状突变或滞留刀痕等疵病。

（2）先近后远：远与近，是按加工部位相对于对刀点的距离大小而言的。在一般情况下，特别是在粗加工时，通常安排离对刀点近的部位先加工，离对刀点远的部位后加工，以便缩短刀具移动距离，减少空程时间。对于车削加工，先近后远有利于保持毛坯件或半成品件的刚性，改善其切削条件。

（3）先内后外：对既要加工内表面（内型、腔），又要加工外表面的工件，在制订其加工方案时，通常应安排先加工内型和内腔，后加工外表面。这是因为控制内表面的尺寸和形状较困难，刀具刚性相应较差，刀尖（刃）的耐用度易受切削热影响而降低，以及在加工中清除切屑较困难等。

2.7　操作须知

（1）数控机床是一种机电合一的精密科技产品，故使用环境及操作者的水平，对其使用寿命有相当程度的影响。

（2）数控机床提供许多安全设计以避免人或设备遭受损害。但操作者不能完全依赖这些安全设计，而必须充分了解操作机床前的注意事项，才可以确保安全。

（3）机床终止后再执行工作前需先开机但不运转约 30 min，使润滑油充分润滑到各滑动面，再将主轴和三轴以 1/2 或 1/3 的极限速度在自动模式下运转 10~20 min，检查其动作是否正常。

（4）检查电源及各系统运作是否正常。

（5）检查刀具、夹具规格及加工材料是否正确。

（6）任何制程中更换刀具、夹具或程序均需先实施测试运转，确认无误后再进行加工作业。

习题

一、填空题

1. 数控机床中的标准坐标系采用＿＿＿＿＿＿＿＿，并规定增大刀具与工件之间距离的方向为坐标＿＿＿＿＿＿＿＿方向。

2. 刀具补偿包括＿＿＿＿＿＿＿＿和＿＿＿＿＿＿＿＿。

3. 编程时可将重复出现的程序编成＿＿＿＿＿＿＿＿，使用时可以由＿＿＿＿＿＿＿＿多次重复调用。

4. 数控机床上的坐标系是采用＿＿＿＿＿＿＿＿，大拇指的方向为＿＿＿＿＿＿＿＿方向。

5. 为了简化程序可以让子程序调用另一个子程序成为＿＿＿＿＿＿＿＿。

二、选择题

1. G00 指令的移动速度值由（　　）。

A. 机床参数指定　　B. 数控程序指定　　C. 操作面板指定

2. 圆弧插补段程序中，若采用圆弧半径 R 编程，从起始点到终点存在两条圆弧线段，当（   ）时，用−R 表示圆弧半径。

A. 圆弧圆心角小于或等于 180°　　　B. 圆弧圆心角大于或等于 180°

C. 圆弧圆心角小于 180°　　　　　　D. 圆弧圆心角大于 180°

3. 以下提法中，（   ）是错误的。

A. G92 是模态指令　　　　　　　B. G04 X3 表示暂停 3 s

C. G33Z_F_ 中的 F 表示进给量　　D. G41 是刀具左补偿

4. 程序终了时，以（   ）指令表示。

A. M00　　　　　B. M01　　　　　C. M02　　　　　D. M03

5. CNC 铣床加工程序中呼叫子程序的指令是（   ）。

A. G98　　　　　B. G99　　　　　C. M98　　　　　D. M99

6. 刀具长度补偿值的地址用（   ）。

A. D　　　　　　B. H　　　　　　C. R　　　　　　D. J

三、简答题

1. 什么是准备功能和辅助功能？常用的准备功能和辅助功能分别有哪些？

2. 简述数控机床加程序编制的步骤。

3. 简述安排加工顺序的原则。

4. 数控机床的坐标轴与运动方向是怎样规定的？与加工程序的编制有何关系？

5. 固定循环指令应用在哪些工艺中？

6. 模态指令和非模态指令的区别有哪些？

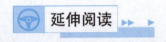

延伸阅读 ▶▶ ▶

金属零部件上的精工细作——胡胜

"千里眼"是我国古代的美丽传说。随着现代科技的发展，"雷达"无疑成了现代人的"千里眼"。位于南京的中国电子科技集团公司第十四研究所就是我国雷达工业的发源地。2009年国庆阅兵仪式上，我国自行研制的大型预警机首次亮相，机身上方安装的雷达成为万众瞩目的焦点。这个雷达关键零部件的加工生产，正是由锻造"千里眼"的幕后英雄——胡胜（图2-14）带领团队完成的。

图 2-14 大国工匠——胡胜

胡胜，中国电子科技集团公司第十四研究所高级技师、数控组组长，国家级大师工作室领办人。1999年，刚刚25岁的胡胜作为特殊人才被引进，一上班，领导就把他带到一台车床前告诉他，这是从德国进口的、价值200多万元的车削中心，但因无人会操作，已"沉睡"了3年多。胡胜仔细观察后，非常有信心地说："没有开不动的车床。"他翻阅资料、请教专家，苦心琢磨，从早晨到晚上，一个键一个键进行摸索，结果，一个多月就开动了设备。就在这台德产机器上，胡胜加工出许多高精尖工件，练出一手好技术。

空警2000预警机是由我国自行研制、被国人誉为"争气机"的大型预警机，在中华人民共和国成立 60 周年盛世大阅兵中首次公开露面，而这个雷达关键零部件的加工生产，就是由胡胜带领其团队完成的。

　　起初，空警 2000 预警机在对外合作中，雷达滤波器结构件生产遇到了技术瓶颈，第一批加工样品送到国外检测时，竟然被列出了 50 余项问题。为了追赶国外先进水平，胡胜没日没夜地阅读资料、与同行切磋、开机试验。经过两个多月的攻关，终于破解难题，他带领的团队不仅加工出合格的滤波器结构件，而且打破了国外技术封锁，为研制生产出中华民族的"争气雷达"奠定了基础。

　　多年来，胡胜先后在机载火控、机载预警、舰载火控、星载等一系列具有国际先进水平的重点科研项目中，承担关键件加工 70 多项，攻克了毫米波雷达的波纹管一次车削成型、机载火控雷达反射面加工变形等技术难题。他还提出了多项技术革新和合理化建议，大大提高了生产效率，节约科研经费近千万元。

　　荣耀归于勇者，20 多年潜心于数控机床技术研究，胡胜始终带着这种沉着冷静，奋战在国防尖端武器装备精密加工制造的最前线。2015 年，胡胜被誉为"工人院士"。这是一个呼唤劳动创造、鼓励拼搏进取的时代，胡胜凭借自己对劳动的热爱，从一名职业高中毕业生成长为全国技术能手，他在车床上诠释着刻苦钻研、精益求精、追求完美极致的工匠精神。

第 3 章
数控机床实训

 学习目标 ▶▶ ▶

了解数控车床、数控铣床的组成及工作原理。

 学习任务 ▶▶ ▶

通过本章的学习，读者需要掌握以下知识：
(1) 掌握数控车床、数控铣床的基本编程方法；
(2) 掌握数控车床、数控铣床加工工件的基本操作。

3.1 数控车床实训

数控车床是使用最广泛的数控机床之一，主要用于加工轴类、盘类等回转体工件，如图3-1所示。它能够通过程序控制自动完成内外圆柱面、锥面、圆弧、螺纹等工序的切削加工，并能进行切槽，钻、扩、铰孔等工作。由于数控车床在一次装夹中能完成多个表面的连续加工，因此，提高了加工质量和生产效率，特别适用于复杂形状的回转类工件的加工。

图 3-1 数控车床

3.1.1 数控车床编程特点及加工程序的组成

数控车床编程时可以按绝对坐标系（X、Z）或增量坐标系（U、W）编程，也常将两种坐标系混合使用，即 X、Z 指令与 U、W 指令可在同一单节内混用。按绝对坐标系编程时，使用代码 X 和 Z，按增量坐标系编程时，使用代码 U 和 W。其中，X 及 U 的坐标值是以直径方式输入的，X 输入的是直径值，U 输入的是径向实际位移值的 2 倍，并附上方向符号（正向省略）。

一个加工程序由许多指令组成，而每一行指令动作称为一个单节。例如：

O0001；	⟶ 一个单节
G50 S2000；	⟶ 一个单节
G96 S180 T0101；	⟶ 一个单节
M43；	⟶ 一个单节
G00 X50.5 Z5.0；	⟶ 一个单节
M30；	⟶ 一个单节

一个单节由一个以上的单语及 G、M、S、T、F 指令组成。一个单语由一个英文字母位址及后面的数值组成，不同位址后面的数值意义也不同。

3.1.2 常用 G 指令

1. 快速定位

G00：刀具从现在的位置点（起点），快速移动到目标位置点（终点）。无运动轨迹要求，进给速度由系统规定，无需另行给定。

指令格式如下：

G00 X(U)_Z(W)_；

以图 3-2 所示为例，从 A 点移动到 C 点的加工程序如下：

```
//单轴移动
X100 Z50;            //A 点
G00 X50;             // (移动 X 轴)A 点→B 点
Z25;                 // (移动 Z 轴)B 点→C 点
//双轴移动
X100 Z50;            //A 点
G00 X50 Z25;         //A 点→C 点
```

注意：G00 指令与 M、S、T 指令可共同执行；G00 指令可连续执行，下一个单节可以省略，不必再写。

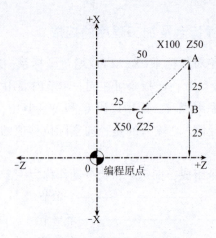

图 3-2　G00 指令加工示例

2. 直线切削

G01：从当前的位置点，以给定的进给速度"F"移动到下一个位置点。G01 指令可用于加工两点间为直线的外径、内径、端面、斜度、倒 C 角、插沟槽等。

指令格式如下：

G01 X(U)_Z(W)_F_；

以图 3-3 为例，直线切削加工程序如下：

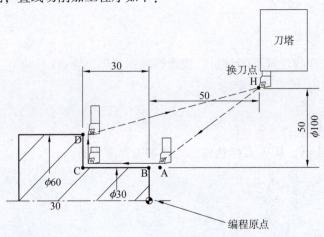

图 3-3　G01 指令加工示例

```
O0001;
G50 S2000;
G00 G96 S200 T0101;
M43;
G00 X30 Z5;              //H→A
G01 Z-30 F0.15;          //A→C,此单节 X30.0 不需要写,可续上一单节
X60;                     //C→D,G01 及 F0.15 可延续上一个单节执行,不需要再写一次
G00 X100 Z50;            //D→H
M30;
```

3. 圆弧切削

G02：顺时针圆弧切削。

G03：逆时针圆弧切削。

指令格式如下：

G02 X_Z_R_F_；

G03 X_Z_R_F_；

其中，X_Z_表示圆弧终点坐标；R_表示圆弧半径；F_表示进给速度。

以图 3-4（a）为例，顺时针圆弧切削加工程序如下：

```
O0001;
G50 S2000;
G00 G96 S200 T0101;
M43;
X5 Z5;
G01 Z-5 F0.2;
G02 X15 Z-10 R5;
G00 X100 Z100;
M30;
```

以图 3-4（b）为例，逆时针圆弧切削加工程序如下：

```
O0001;
G50 S2000;
G00 G96 S200 T0101;
M43;
X5 Z5;
G01 Z0 F0.2;
G03 X15 Z-5 R5;
G00 X100 Z100;
M30;
```

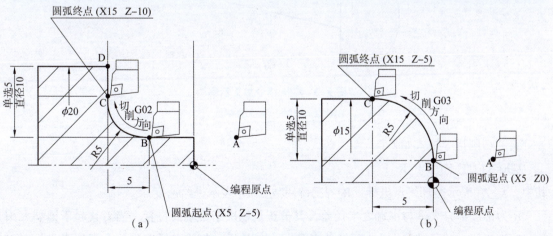

图 3-4　G02 和 G03 指令加工示例

（a）顺时针；（b）逆时针

4. 固定循环

加工过程中，当必须重复多次加工才能完成轮廓时，可使用固定循环指令。固定循环指令有单一形状固定循环指令（G90）和复合形状固定循环指令（G94）之分。

1）单一形状固定循环指令 G90

G90 指令主要用于轴类工件的外圆、锥面、内圆加工。

直线切削指令格式如下：

G90 X（U）_Z（W）_F_；

其中，X_Z_表示循环终点坐标；F_表示进给速度。

在增量指令时，U 及 W 后数值的正负符号依照刀具路径 1 及 2 的方向而定。在单节模式中，只按一次启动按钮就可执行动作 1、2、3、4，如图 3-5（a）所示。

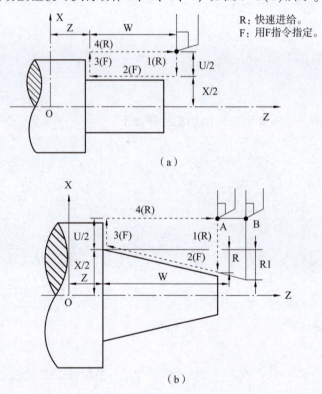

（a）

（b）

图 3-5　G90 指令加工示例

（a）直线切削；（b）斜度切削

斜度切削指令格式如下：

G90 X（U）_Z（W）_R_F_；

其中，X_Z_表示循环终点坐标；R_表示斜度差；F_表示进给速度。

R 为锥度部分大端与小端之半径差，其值正负取决于锥端面位置，当刀具起于锥端大头时，R 为正值；起于锥端小头时，R 为负值。也就是说，起始点径向坐标大于终点坐标时 R 为正，反之为负，如图 3-5（b）所示。

注意：如果起刀点由 A 点变成 B 点，斜度差则由 R 变成 R1。

使用增量指令时，位址 U、W 及 R 后数值的正负与刀具路径的关系如图 3-6 所示。

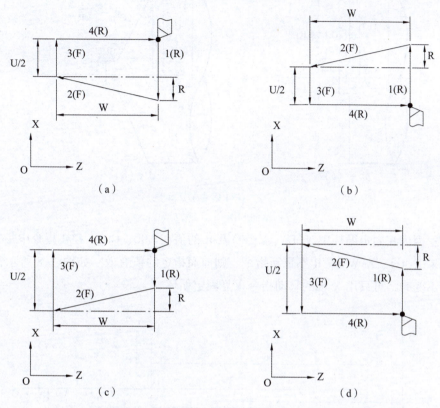

图 3-6　增量指令中位址 U、W 及 R 后数值的正负与刀具路径的关系

(a)U<0，W<0，R<0；(b)U>0，W<0，R>0；(c)U<0，W<0，R>0；

(d)U>0，W<0，R<0

2）复合形状固定循环指令 G94

G94 指令适用于长度短而端面大的工件的加工，如图 3-7(a)所示。

大端面切削指令格式如下：

G94 X(U)_Z(W)_F_;

其中，X_Z_表示循环终点坐标；F_表示进给速度。

使用增量指令时，位址 U 及 W 后数值的正负号依照路径 1 及 2 的方向而定。如果路径的方向在 Z 轴是负方向，W 的值是负。在单节模式中，只按一次启动按钮就可执行动作 1、2、3、4。

大锥面切削指令格式如下：

G94 X(U)_Z(W)_R_F_;

其中，X_Z_表示循环终点坐标；R_表示斜度差；F_表示进给速度。

大锥面加工示例如图 3-7(b)所示。

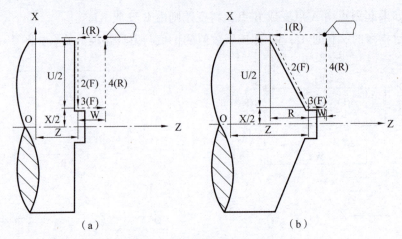

图 3-7　G94 指令加工示例

（a）大端面切削；（b）大锥面切削

注意：因为在固定循环中 X（U）、Z（W）及 R 的值在 G90、G92、G94 指令中是共用的持续值，如果 X（U）、Z（W）或 R 不重新指令，则前面指定的值有效。如图 3-8 所示，当 Z 轴的移动量不变时，可只用 X 轴的移动指令重复固定循环。

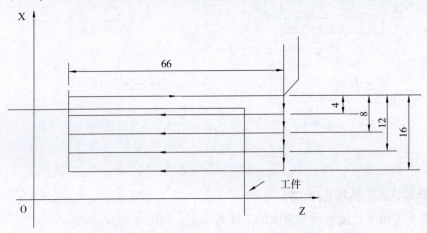

图 3-8　Z 轴不变，固定循环加工示例

图 3-8 的加工程序如下：

```
N030 G90 U-8 W-66 F0.4
N031 U-16
N032 U-24
N033 U-32
```

依照素材及制品的形状应选择适当的固定循环，如图 3-9 所示。

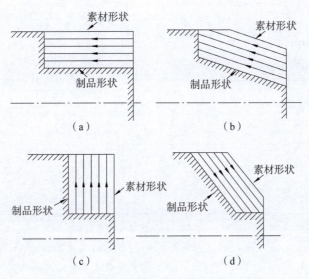

图 3-9　不同素材及制品形状固定循环示例
(a)直线切削；(b)斜度切削；(c)端面切削；(d)锥面切削

5. 螺纹切削

在 FANUC 数控系统的车床上，加工螺纹一般可采用 3 种方法：G32 直进式切削方法、G92 直进式固定循环切削方法和 G76 斜进式复合固定循环切削方法。切削方法和编程方法不同，造成的加工误差也不同，使用时需仔细分析，以便加工出高精度的工件。

1）G32 直进式螺纹切削

G32 指令可用于切削直线螺纹、斜面螺纹、端面螺纹等。

指令格式如下。

直线螺纹：

G32 Z(W)_F_；

斜面螺纹：

G32 X(U)_Z(W)_F_；

端面螺纹：

G32 X(U)_F_；

其中，X(U)_Z(W)_表示螺纹终点坐标；F_表示螺纹节距。

以图 3-10 为例，直进式螺纹切削加工程序如下：

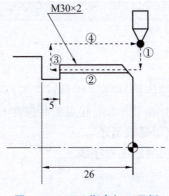

图 3-10　G32 指令加工示例

```
O0001;
G00 G97 S1000 T0101;
M43;
G00 X35 Z5;
X29;
G32 Z-24 F2;
G00 X35;
Z5;
X28.3;
G32 Z-24 F2;
G00 X35;
Z5;                              //动作方式
X27.402;                         //①X轴G00快速下降到车削深度
G32 Z-24 F2;                     //②Z轴G32车牙车到牙长度
G00 X35;                         //③G00快速退刀至X35
Z5;                              //④G00快速退刀至Z5
X100 Z100;
M30;
```

注意：加工螺纹时，应在有效螺纹长度的两端留出足够的升速段和降速段，以避免因伺服电动机变速而产生的不符合要求的螺纹段。通常起始端留出2~3倍螺距，结束端留出1~2倍螺距。

G32指令属于直进式切削方法，其每次切削深度都要编程给出，由于两侧刃同时工作，切削力较大，而且排屑困难，因此，在切削时，两切削刃容易磨损；同时，该指令执行过程中刀具移动均由编程来完成，加工程序编写烦琐，工作量大。因此，该指令多用于小螺距螺纹的精加工及没有进刀位置直插形成螺纹线的螺纹加工。

2）G92直进式固定循环螺纹切削

G92指令也属于直进式切削方法，但G92指令的加工有一个循环过程，程序编写简单，程序段少，易于检查，更多地应用于一般小螺距适合直进法加工的螺纹，在实际生产中应用较为广泛。使用G92指令可切削直线螺纹、斜面螺纹等。在切削过程中，4步动作为一个单次循环。指令格式如下。

直线螺纹：

G92 X(U)_Z(W)_F_;

斜面螺纹：

G32 X(U)_Z(W)_R_F_;

其中，X(U)_Z(W)_表示单次切削循环终点坐标；R_表示被加工锥螺纹两端的外径差的1/2，即为单边锥度差值，且有正负，当切削起点的径向坐标值小于螺纹终点的径向坐标值时，R取负值，反之为正；F_表示螺纹节距。

以图3-11为例，直线螺纹切削加工程序如下：

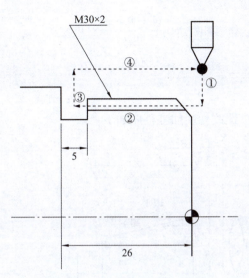

图 3-11　G92 指令加工示例 1

```
O0001;
G99 G97 S800 T0101;
M43;
G00 X35 Z5;
G92 X29 Z-24 F2;
X28.4;
X28;
X27.6;
X27.4;
X27.4;
G00 X100 Z100;
M30;
```

注意：图 3-11 中①、②、③、④这 4 步动作为一个单次循环。

锥度螺纹切削加工示例如图 3-12 所示。

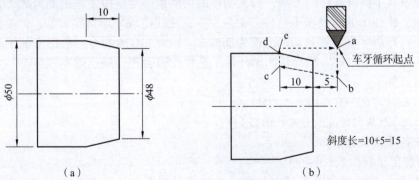

图 3-12　锥度螺纹切削加工示例
（a）工件图；（b）走刀路线

斜度差 R 的计算公式如下：

$$\text{斜度差}R = \cfrac{\cfrac{(50-48)/2}{\underset{\text{牙长}}{10}}}{} \times (\underset{\substack{\uparrow\\\text{牙长}\quad\text{安全距离}}}{10+5}) = 1.5$$

以图 3-13 为例,锥度螺纹切削加工程序如下:

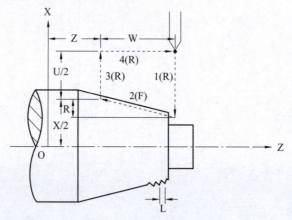

图 3-13　G92 指令加工示例 2

```
O0001;
G97 S650 T0101;
G00 X52 Z5 M43;
G92 X49. 2 Z-10 R-1.5 F1.5;
X48.6;
X48.2;
X48.04;
G00 X200 Z100;
M30;
```

3)G76 斜进式复合固定循环螺纹切削

G76 指令属于斜进式切削方法,每次循环的切削量一定,由于是单侧刃加工,刀刃容易损伤和磨损,使加工的螺纹面不直,刀尖角发生变化而造成牙形精度较差;但单侧刃加工刀具负载较小,排屑容易,并且切削深度为递减式。因此,G76 指令一般用来加工较大螺距且精度要求不高的螺纹。G76 指令切削循环的工艺性比较合理,编程效率较高。

指令格式如下:

G76 P(m)(r)(a)Q(Δd min)R(d);

G76 X(U)Z(W)R(i)P(k)Q(Δd)F(f);

指令中各项含义如下。

m:精加工重复次数(01~99)

r:倒角量。表示斜向退刀量单位数,或螺纹尾端倒角值,在 0.0f~9.9f 之间,以 0.1f 为单位(即 0.1 的整数倍),用 00~99 两位数字指定(其中 f 为螺纹导程)。

a:刀尖角度。可选择 80°、60°、55°、40°、30°、29°、0° 之一,用两位数字指定。

Δd min:最小切削深度。当计算切削深度小于 Δd min 时,则取 Δd min 作为切削深度。

d：精加工余量，用半径编程指定。

X、Z：螺纹终点的坐标值。

U、W：增量坐标值。

i：螺纹部分的半径差。如果 i=0，可作一般直线螺纹切削。

k：螺纹高度（X 方向半径值）。

Δd：第一次的切削深度（半径值）。

f：螺纹导程（与 G32、G92 指令相同）。

G76 指令的螺纹切削走刀路线如图 3-14 所示。

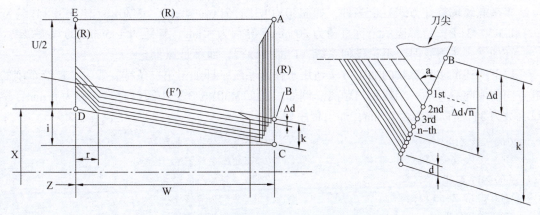

图 3-14　G76 指令的螺纹切削走刀路线

例如："G76 P030860 Q0.1 R0.2" 表示精车 3 次，倒角 0.8 导程，60°螺纹刀，最小切削量 0.1 mm，精车余量 0.2 mm。

"G76 X35 Z40 R0 P2.5 Q1 F4" 表示直螺纹，牙高 2.5 mm，第一刀切深 1 mm，导程 4 mm。

以图 3-15 为例，斜面螺纹加工程序如下：

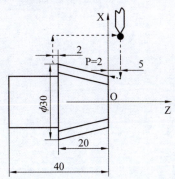

图 3-15　G76 指令加工示例

```
O0001;
G97 S650 T0101;
G00 X32 Z5 M43;
G76 P031260 Q0.1 R0.1;
G76 X27.4 Z-42 R7.5 P1.3 Q0.9 F2;
```

```
G00 X100 Z200;
M30;
```

6. 多头螺纹车削介绍

只有一条螺旋线的螺纹是单头螺纹，单头螺纹的螺距和导程相等。有两条以上螺旋线的螺纹是多头螺纹。螺纹上相邻两螺旋线之间的距离称为螺距，同一条螺旋线上相邻两牙之间的距离称为导程。例如，三头螺纹的导程就是 3 个螺距。可见，导程与螺距的关系式为 $Ph = P×n$，式中 Ph 指螺纹导程（mm），P 指螺纹螺距（mm），n 指螺纹头数。

多头螺纹的标注方式有很多种，如 M30×Ph3P1.5（two starts）、M30×3/2、M30×1.5（双头）和 M30×3（P1.5）都表示公称直径为 30 mm，导程为 3 mm，螺距为 1.5 mm 的双头螺纹。

在加工多头螺纹时，不论任何系统，F 都指导程，而不是螺距。

以下所述的多头螺纹的加工方法适用于任何系统，即加工第二条螺旋线时，螺纹车削的起点向前或向后移动一个螺距的距离。例如，加工 M30×6/3 三头螺纹时，导程为 6 mm，螺纹头数为 3，所以螺距为 2 mm，加工程序如下：

```
G00 X34 Z10;              //第一条螺旋线的起点
G92 X29.2 Z−50 F6;        //加工第一条螺旋线
G00 X34 Z12;              //第二条螺旋线的起点
G92 X29.2 Z−50 F6;        //加工第二条螺旋线
G00 X34 Z14;              //第三条螺旋线的起点
G92 X29.2 Z−50 F6;        //加工第三条螺旋线
```

加工四头、五头、六头等螺纹时同理。用 G76 指令编程时道理相同。

注意：为了安全起见，刀具的螺纹切削起点一般往后移动，因为螺纹头数多时，往前移动刀具可能会撞到工件上。

以下为一多头螺纹加工程序示例：

```
T0101;
M3 S600;
#1＝8;
N10 G0 X30 Z[#1];
G92 X23.2 Z−50 F6;
    X22.6;
    X22.4;
    X22.24;
#1＝#1−1.5;
IF [#1 GE 5] GOTO 10;
G0 X100 Z100;
M30;
```

7. 横向切削复循环

横向切削复循环指令 G71 一般在粗车削量较多时使用，且内外径皆可使用。只需指定精加工路线和粗加工的背吃刀量，系统会自动计算粗加工路线和加工次数。

指令格式如下：

G71 U（D）R（R）；

G71 P（P）Q（Q）U（U）W（W）F（F）；

其中，（D）表示每次切削量（标量），半径值；（R）表示每次退刀量（标量）；（P）表示精加工路径第一程序段的顺序号；（Q）表示精加工路径最后程序段的顺序号；（U）表示 X 方向精加工预留量（矢量），直径值；（W）表示 Z 方向精加工预留量（矢量）；（F）表示进给速度。

以图 3-16 为例，加工程序如下：

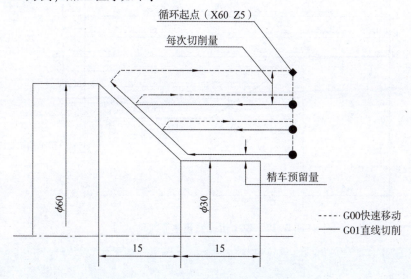

图 3-16　G71 指令横向切削复循环走刀示例

```
O0001;
G50 S2000;
G00 G96 S180 T0101;
M43;
X60 Z5;                           //循环起点一般为粗材直径
G71 U3 R1;
G71 P101 Q102 U0.3 W0.1 F0.2;
N101 G00 X30;                     //精车路径起始
G01 Z-15;
N102 X60 Z-30;                    //精车路径结束
G00 X200 Z100;
M30;
```

注意：在循环开始单节中只允许 G00 X 轴移动；不能有 Z 轴移动及 G01 指令。

例如：（对）N101 G00 X30；

（错）N101 G00 X30 Z0；

（错）N101 G01 X30；

开始单节 N101 至结束单节 N102 之间为工件之外形尺寸指令。

以图 3-17 为例，加工程序如下：

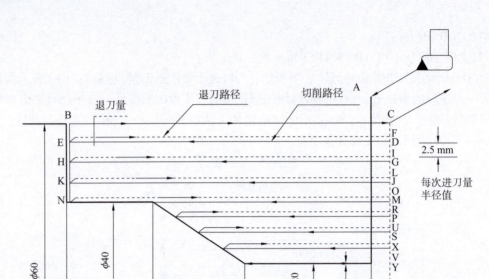

图 3-17   G71 指令循环单节加工示例

```
O0002;
N1 G50 S2000;
G00 G96 S180 T0101;
M43;
X65 Z0;                          //快速移动 HH→A
G01 X-2 F0.2;                    //直线切削,端面 A→B
G00 Z1 X60;                      //快速移动 B→C 循环起点
G71 U2.5 R1;
G71 P101 Q102 U0.3 W0.1 F0.2;    //横向切削复循环
N101 G00 X20;                    //快速移动 C→Y;精车路径起始单节
G01 Z-20;                        //直线切削 Y→Z
X40 Z-35;                        //直线切削 Z→AA
Z-50;                            //直线切削 AA→N
N102 X60;                        //直线切削 N→BB;精车路径结束单节
G00 X100 Z50;                    //快速移动 C→HH
M30;
```

8. 精车切削复循环

精车切削复循环指令 G70 一般使用于 G71、G72、G73 粗车削复循环指令之后的精车削。指令格式如下:

G70 P(P)Q(Q)F(F);

其中,(P)表示精加工路径第一程序段的顺序号,与 G71、G72、G73 粗车削复循环指令中序号一致;(Q)表示精加工路径最后程序段的顺序号,与 G71、G72、G73 粗车削复循环指令中序号一致;(F)表示进给速度。

以图 3-18 为例,加工程序如下:

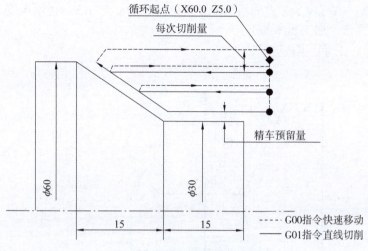

循环起点（X60.0 Z5.0）

每次切削量

精车预留量

φ60

φ30

15　　15

－ － － G00指令快速移动
———— G01指令直线切削

图 3-18　G70 指令加工示例

```
O0001;
G50 S2000;
G00 G96 S180 T0101;
M43;
X60 Z5;                          //循环起点一般为粗材直径
G71 U3 R1;
G71 P101 Q102 U0.3 W0.1 F0.2;
N101 G00 X30;                    //精车路径起始单节
G01 Z-15;
N102 X60 Z-30;                   //精车路径结束单节
G00 X200 Z100;
M01;
N2 G50 S2000;
G00 G96 S200 T0202;
M43;
X60 Z5;                          //同粗车循环起点
G70 P101 Q102 F0.15;             //执行 G70 指令后会自动找到 N101 程序段
G00 X200 Z100;                   //执行完 N102 程序段后会自动返回
M30;
```

注意：程序中有 G71、G72、G73 指令才可以使用 G70 指令。
精车削结束后自动退回循环起点。

9. 横向切削复循环

横向切削复循环指令 G72 一般在端面(纵向)粗车削量较多时使用，且内外径皆可使用。只需指定精加工路线和粗加工的背吃刀量，系统会自动计算粗加工路线和加工次数。

指令格式如下：

G72 W(D)R(R)；

G72 P(P)Q(Q)U(U)W(W)F(F)；

其中，(D)表示每次切削量(标量)；(R)表示每次退刀量(标量)；(P)表示精加工路径第一程序段的顺序号；(Q)表示精加工路径最后程序段的顺序号；(U)表示 X 方向精加工预留量

（矢量），直径值；（W）表示 Z 方向精加工预留量(矢量)；（F）表示进给速度。

以图 3-19 为例，加工程序如下：

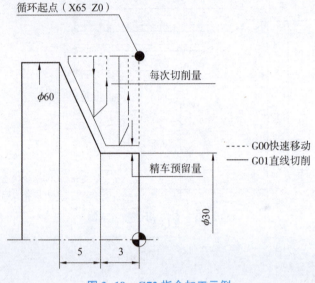

图 3-19　G72 指令加工示例

```
O0001;
G50 S2000;
G00 G96 S180 T0101;
M43;
X65 Z0;                           //循环起点一般为粗材端面
G72 W2 R1;
G72 P101 Q102 U0.3 W0.1 F0.2;
N101 G00 Z-8;                     //精车路径起始单节
G01 X60;
X30 Z-3;
N102 Z0;                          //精车路径结束单节
G00 X200 Z100;
M30;
```

注意：在循环开始单节中只允许 G00 Z 轴移动；不能有 X 轴移动及 G01 指令。例如：

（对）N101 G00 Z-8;

（错）N101 G00 X60 Z-8;

（错）N101 G00 X60;

开始单节 N101 至结束单节 N102 之间为工件的外形尺寸指令。

10. 成型加工复循环

成型加工复循环指令 G73 适用于加工已经铸造、锻造成型的毛坯类工件。要求毛坯余量尽量均匀。

指令格式如下：

G73 U(Δi)W(Δk)R(d);

G73 P(ns)Q(nf)U(Δu)W(Δw)F(f)S(s);

其中，(Δi)表示 X 轴向粗坯预留量(半径值)；(Δk)表示 Z 轴向粗坯预留量；(d)表示切削次数；(ns)表示精加工路线第一个程序段的顺序号；(nf)表示精加工路线最后一个程序段的顺序号；(Δu)表示 X 方向的精加工预留量(直径值)；(Δw)表示 Z 方向的精加工预留量；(f)表示进给速度；(s)表示主轴转速。

G73 指令的走刀路线如图 3-20 所示，走刀路线为 A→A′→B→A。

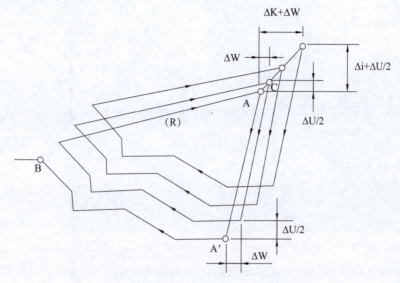

图 3-20 G73 指令的走刀路线

以图 3-21 为例，加工程序如下：

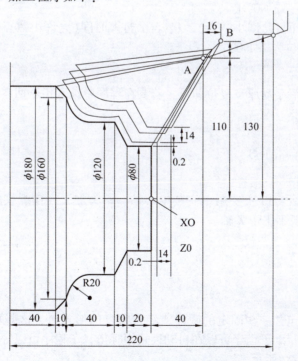

图 3-21 G73 指令加工示例

```
O1000;
N1 G50 S2000;
N2 G00 G96 S130 T0202;
N3 M03;
N4 M08;
N5 X220 Z40;
N6 G73 U14 W14 R3;
N7 G73 P8 Q13 U0.4 W0.2 F0.3;
N8 G00 X80 Z1;
N9 G01 Z-20 F0.15;
N10 X120 Z-30;
N11 Z-50;
N12 G02 X160 Z-70 R20;
N13 G01 X180 Z-80;
N14 G70 P008 Q013;
N15 G00 X260 Z100;
N16 M05;
N17 M30;
```

11. 进给暂停

进给暂停指令 G04 用于在加工要求较高的工件轮廓终点设置延时，刀具进给暂停，以保证该段轮廓的车削质量，如车槽时。

指令格式如下：

G04 X_ 或 G04 U_ 或 G04 P_；

其中，X_表示暂停时间（允许小数点）；U_表示暂停时间（允许小数点）；P_表示暂停时间（不允许小数点），单位为 1/1 000 s。

12. 机械原点复位

一般机床在开机后手动原点复位即可，若要在程序中编入指令回零点，可用 G28 指令。

指令格式如下：

G28 UO WO；

复位后，机械原点指示灯亮。

13. 第二原点复位

第二原点复位指令 G30 主要用于安装中心钻、钻头加工、攻螺纹加工等时，能方便地找到 XO 的位置，一般不用于 Z 轴。

指令格式如下：

G30 UO；

3.1.3 子程序

当一个加工程序包含一些固定的顺序或经常重复的形式时，这些顺序或可以写成子程序，用以简化程序编写。子程序可以在自动模式中呼出，子程序可以呼出另一个子程序，子程序存在形式如图 3-22 所示。

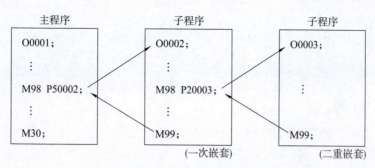

图 3-22　子程序存在形式

指令格式如下：

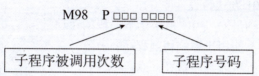

注意：子程序以 M99 结尾。

以图 3-23 为例，加工程序如下：

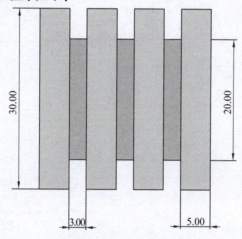

图 3-23　子程序加工示例

```
O0010;
T0101;
G98;
M03 S1000;
G00 X32;
Z0;
M98 P30011;
G00 X32;
Z100;
M30;
O0011;
G0 W-8;
```

```
G01 X20 F85;
G0 X32;
M99;
```

3.1.4 倒 角

以图 3-24 为例，指令格式如下：

45°倒角　G01 X(U)_Z(W)_C_F_;

圆角　G01 X(U)_Z(W)_R_F_;

其中，X(U)Z(W)表示图 3-23 中 b 点的坐标；c_表示 bc、bd 线段的长度。

注意：(1)必须以 G01 方式编程；

(2)编程的运动量 C_、R_值小于下一段的运动量；

(3)倒角编程不能用于螺纹切削程序；

(4)在单段执行时刀具停留在 c 点。

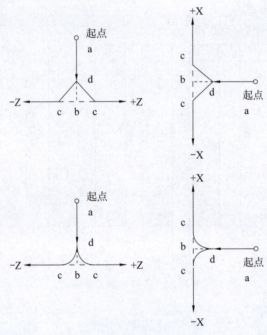

图 3-24　倒角加工示例

3.1.5 数控车床基本操作

1. 开关数控车床的顺序

开机：开总电源→开电气柜电源(顺时针旋转)→ 开电源(显示屏左侧绿色按钮)→ 松开"急停"按钮→回机械原点。

关机：刀具移至安全位置 → 按下"急停"按钮→关电源→关电气柜电源→关总电源。

2. 回机床原点的方法

(1)在手动模式(寸动、快速进给、手动模式)下将刀具移至安全位置。

(2)选择"原点复位"模式，按"+X"键，则 X 轴自动原点复位。

(3)按"+Z"键，则 Z 轴自动原点复位。

3. 机床回机床原点的 4 种情况(对相对编码器的机床)

(1)开机。

(2)按下"急停"按钮后。

(3)用过〈机械锁定〉辅助功能键后。

(4)解除完硬限位。

4. 手动操作机床的方法

1)手动移动 X、Z 轴

(1)寸动：选择"寸动"旋钮，并按相应的轴键即可。其移动速度由"切削进给倍率"旋钮来控制。

(2)手轮：选择"手轮"旋钮，摇动手动操作盒上的"手轮"即可。

使用方法：选择"手轮"上的"轴"旋钮选择移动速度，"X100"表示"手轮"摇过"一格"机床移动 0.1 mm，"X10"表示 0.01 mm，"X1"表示 0.001 mm；向+或−方向摇动手轮即可。

(3)快速进给：选"快速"旋钮，按相应的轴键即可。其移动速度由"快速进给倍率"旋钮控制。

2)手动让主轴旋转

选择"手动"模式中的任意一种，按"主轴正转"或"主轴反转"键，令主轴正转或反转，其旋转速度可由主轴转速调整旋钮调整。

3)手动操作刀塔

选择"手动"模式中的任意一种，按刀具号并按"刀号"下的"启动"键。

4)手动操作排屑机

选择"手动"模式中的任意一种，按排屑机"正转"或"反转"键，排屑机就会正转或反转。

5)手动操作切削液

选择"手动"或"自动"模式，按"切削液手动"键，切削液会自动喷出，再按一次切削液会关闭。

注意：如程序中使用 M08 或 M43 指令，则只能按"切削液自动"键，否则机床会报警。按下后，按键左上角的指示灯会亮。

5. 装刀

按工艺方案将已编好号码的刀具一一对应装入刀塔并锁紧。

6. 对刀

对刀就是寻找刀尖和工件零点重合的过程，即当刀尖和工件零点重合时，此时的机械坐标值即为对刀值，它分为以下三部分：磨耗、形状、工件移。磨耗中有长度(X、Z)磨损和半径磨损(R)，形状中有长度补正(X、Z)、半径补正(R)和刀具形式(T)，工件移动一般设置为 0。对于不使用半径补偿(G41、G42)的刀具，形状 R、T 参数可以不输入。

具体对刀操作如下。

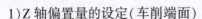

1）Z轴偏置量的设定（车削端面）

（1）主轴旋转步骤：按"MDI"键→按"程序"键（PROG）→输入"M03S450"→按"插入"键（INSERT）→按"单段"键→按"循环启动"键。

（2）在"手动"模式下，选择刀具，这里选用1号刀试切工件右端面。

（3）在X轴方向上退刀，注意不要移动Z轴，主轴停止转动。

（4）按"刀偏/设定"键→"补正"→"形状"，显示刀具补偿画面。

（5）使用"翻页"键和"光标移动"键将光标移动至设定刀号的Z轴偏置号处。

（6）按"地址"键Z0→"测量"，将测量值与编程的坐标值之间的差值作为偏置量设定为指定的刀偏号。

（7）设定刀具Z方向磨损量，按"刀偏/设定"键→"补正"→"磨耗"，根据要求设定刀具磨损量。

2）X轴偏置量的设定（车削外圆）

（1）主轴旋转步骤：按"MDI"键→按"PROG"键→输入"M03S500"→按"INSERT"键→按"单段"键→按"循环启动"键。

（2）在"手动"模式下用1号车刀切削工件外圆。

（3）在Z轴方向上退刀，注意不要移动X轴，主轴停止转动。测量工件外圆表面的直径值。

（4）按"刀偏/设定"键→"补正"→"形状"，显示刀具补偿画面。

（5）使用"翻页"键和"光标移动"键将光标移动至设定刀号的X轴偏置号处。测量外圆表面的直径值→"测量"，则测量值与编程的坐标值之间形状，显示刀具补偿画面。

（6）使用"翻页"键和"光标移动"键将光标移动至设定刀号的Z轴偏置号处。

（7）设定刀具Z方向磨损量，按"刀偏/设定"键→"补正"→"磨损"，根据要求设定刀具磨损量。注意：必须输入T参数，否则将引起工件形状的错误。

7. 新建程序、编辑修改程序、校验程序

1）新建程序

按"PROG"键→按"编辑"键→输入O开头的程序名，如O0001（O后面只能为4位数字，O0000～O9999）→按"INSERT"键，则新程序"O0001"建立完成，然后依次输入编写的程序内容。

2）编辑修改程序

（1）插入字符：按"编辑"键，将光标移至插入字符的前一个字符上，输入新的字符后按"INSERT"键。

（2）删除字符：按"编辑"键，将光标移至要删除的字符上，按"删除"键（DELETE）即可。按"取消"键可取消输入缓存区的字符。

（3）替换字符：按"编辑"键，将光标移至要替换的字符上，输入一个新的字符，按"替换"键（ALTER），此时光标处的字符被替换。

（4）光标返回程序的开头：按"复位"键（RESET），光标返回到程序开头。

3）校验程序

校验程序的操作步骤：按"编辑"键→按"PROG"键→输入校验文件名→按"O检索"键→

按"自动"键→按"机床锁住"键→按"用户宏/图形"键（CUSTOM/GRAPH）→按"图形"键→按"循环启动"键。

注意：在机床锁住情况下，校验程序运行并调试完成后，机床原点会发生改变，在加工工件时，要注意重新回参考点。

3.1.6　数控车床操作流程

加工图面、刀具程序图表、程序制作

↓

电源输入前的检查

↓

输入电源

↓

调整油压夹头三爪夹持方向

↓

油压表的检查

↓

刀具的安装

↓

三爪的安装

↓

刀具几何补正值设定

↓

加工程序的设置

自动运转前的确认

↓

空运转操作

↓

试切削运转

↓

刀具补正修正

↓

自动运转

↓

连线运用

↓

关机作业

↓

作业后的机械检查

以图 3-25 为例，加工程序如下：

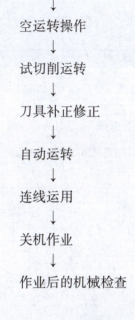

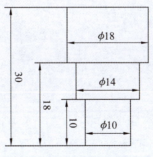

图 3-25　数控车床加工示例

```
O0001;
G00 X100 Z100 M03 S600;
T0101;
G00 X18 Z4;
G01 Z-30 F0.2;
X22;
```

```
G00 Z4;
X14;
C01 Z–18;
X20;
G00 Z4;
X10;
G01 Z–10;
X16;
G00 X100 Z100;
M05;
M30;
```

3.1.7 加工案例

1. 案例一

以图 3–26 为例，加工程序如下：

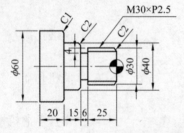

使用刀具			
T0202	T0404	T0606	T0808
粗车	截涌	精车	车牙

毛坯为 $\phi60$ mm 棒料

图 3–26 加工图纸案例一

```
O0001;
N100 G50 S1500;
G00 T0202;
G96 S130 M03;
M08;
X68.0 Z5.0;
G01 Z0.1 F 1.0;
X –2.0 F0.25;
G00 X 65.0 Z1.0;
G71 U4.0 R1.0;
G71 P101 Q108 U0.3 W0.1 F0.25;
N 101 G00 X 24.0;
N 102 G01 X 30.0 Z –2.0 F 0.15;
N 103 Z –31.0
N 104 X36.0;
N 105 X40.0 Z –33.0;
N 106 Z–46.0;
N 107 X58.0;
```

```
N 108 X61.0 Z -47.5;
G00 X200.0 Z100.0;
M01;
N200 G50 S1000;
G00 G96 S100 T0404;
M03;
M08;
X43.0 Z3.0;
Z-31.0;
G01 X22.0 F0.1;
G00 X42.0;
X200.0 Z100.0;
N300 G50 S2000;
G00 S200 T0606;
M03;
M08;
X65.0 Z1.0;
G70 P101 Q108;
G00 X200.0 Z100.0;
T 0600;
M 01;
N400 G50
G00 T0808;
G97 S1000 M03;
M08;
X35.0 Z5.0;
G92 X29.5;
X29.0;
X28.6;
X28.2;
X27.8;
X27.5;
X27.2;
X26.85;
X26.75;
G00 X200.0 Z100.0 M09;
M05;
M30;
```

如使用 G76 指令, 加工程序如下:

```
G76 P011060 Q100 R0.1;
G76 X26.75 Z-27 P3250 Q1000;
F2.5;
```

2. 案例二

如图 3-27 所示，毛坯为 φ30 mm 棒料，粗加工每次进给深度为 1.5 mm，进给量为 0.3 mm/r，精加工余量 X 轴方向 0.3 mm，Z 轴方向 0.1 mm。加工程序如下：

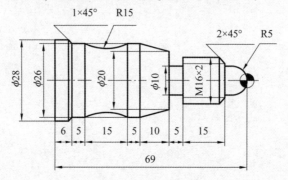

图 3-27　加工图纸案例二

```
O0001;
//工序(1)外圆粗加工
G00 G40 G97 G99 S400 M03 F0.3;
T0101;
X32 Z2;                      //刀具定位至粗车循环点
G71 U1.5 R0.5;
G71 P11 Q12 U0.3 W0.1;
N11 G00 G42 X0;
G01 Z0;
G03 X10 Z-5 R5;
G01 Z-8;
X15.8 C2;
W-20;
X20;
X26 W-10;
W-5;
G02 X26 W-15 R15;
G01 W-5;
X28 C1;
Z-69;
N12 G00 G40 X32;             //刀具退出工件外表面
G28 U0 W0;
M05;
M00;
//工序(2)外圆精加工
G00 G40 G97 S700 M03 F0.1;
T0202;
X32 Z2;                      //刀具定位至精车循环点
```

```
G70 P11 Q12;
G28 U0 W0;
M05;
M00;
//工序(3)切槽加工
G00 G40 G97 G99 S350 M03 F0.1;
T0303;
X22 Z-28;
G01   X10;
G04   X1;
G00 X22
G28 U0 W0;
M05;
M00;
//工序(4)螺纹加工
G00 M03 S600;
T0404;
X18 Z-3;              //刀具定位至螺纹车削循环点
G92 X15 Z-25 F2;      //螺距为 2 mm
X14.4;
X13.9;
X13.5;
X13.4;
X13.4;
G28 U0 W0;
M05;
M30;
```

3.1.8 数控车削安全操作规程

数控车削安全操作规程如下。

(1)操作人员必须熟悉数控车床使用说明书等有关资料。

(2)数控车床通电后应检查各开关、按钮和按键是否正常灵活,有无异常现象。

(3)加工前,使用未装夹工件空运行一次程序,检查刀具和夹具安装是否合理、有无超程现象。

(4)试切时快速进给倍率开关必须打到较低挡位。

(5)每把刀首次使用时,必须先验证它的实际长度与所给刀补值是否相符。

(6)必须在确认工件夹紧后才能启动数控车床,操作中出现工件跳动、异常声、夹具松动等情况时必须立即停止加工。加工完成后需要关闭电源,清理碎屑,擦拭机器,以延长机器使用寿命。

(7)实操人员必须穿好工训服、戴好工训帽,严禁披头散发,男生不得穿拖鞋,女生不得穿裙子。

(8)操作过程中，未经指导教师同意不准私自启动数控车床。在操作过程中，发生故障时立即按下"急停"按钮并向指导教师报告。

3.2 数控铣床实训

数控铣床是目前广泛使用的数控机床之一，有立式数控铣床(图 3-28)、卧式数控铣床和龙门铣床 3 种。数控铣床主要采用铣削方式加工工件，它能够进行外轮廓铣削、平面或曲面铣削及三维复杂型面的铣削，如对凸轮、模具、叶片、螺旋桨等进行铣削。另外，数控铣床还具有孔加工的功能，通过特定的指令可进行一系列孔的加工，如钻孔、扩孔、铰孔、镗孔和攻螺纹。

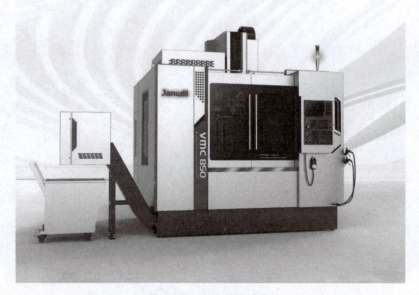

图 3-28　立式数控铣床

▶▶ 3.2.1　数控铣床的组成

数控铣床一般由主轴箱、数控系统、伺服电动机、伺服装置、工作台、床身等组成。

(1)主轴箱。主轴箱下端夹持铣刀，主轴电动机驱动主轴旋转并带动铣刀转动；可在 Z 轴方向移动，使刀具上升或下降。

(2)数控系统。数控系统是数控铣床的核心部分，主要用于对输入的加工程序进行数字运算和逻辑运算，然后向伺服装置发出控制信号，使执行机构按规定的动作执行。

(3)伺服电动机。X、Y、Z 轴方向的移动是依靠伺服电动机驱动滚珠丝杠来实现的。

(4)伺服装置。伺服装置用于驱动伺服电动机。

(5)工作台。工作台用于安装工件和夹具，可沿滑鞍上的导轨在 X 和 Y 轴方向移动，从而实现工件在 X 和 Y 轴方向的移动。

(6)床身。床身用于支撑和连接机床各部分。

3.2.2　数控铣床编程特点和基本编程指令

1. G 指令的功能

数控铣床中，G 指令的功能如表 3-1 所示。

表 3-1　G 指令的功能

指令	组	功能
G00	01	定位(快速进给)
G01		直线插补(切削进给)
G02		圆弧插补/螺旋插补 CW
G03		圆弧插补/螺旋插补 CCW
G04	00	暂停
G09		精确停止
G17	02	Xp-Yp 平面
G18		Zp-Xp 平面
G19		Yp-Zp 平面
G20(G70)	06	英制输入
G21(G71)		公制输入
G15	17	极坐标指令取消
G16		极坐标指令
G27	00	参考点返回检查
G28		自动返回至参考点
G29		从参考点移动
G33	01	螺纹切削
G37	00	刀具长度自动测定
G38		刀具半径补偿或刀尖半径补偿：保持矢量
G39		刀具半径补偿或刀尖半径补偿：拐角圆弧插补
G40	07	刀具半径补偿或刀尖半径补偿取消
G41		刀具半径补偿或刀尖半径补偿：左
G42		刀具半径补偿或刀尖半径补偿：右
G49	08	刀具半径补偿取消
G54	14	工件坐标系 1 选择
G55		工件坐标系 2 选择
G56		工件坐标系 3 选择

续表

指令	组	功能
G57		工件坐标系 4 选择
G58	14	工件坐标系 5 选择
G59		工件坐标系 6 选择
G73		钻深孔循环
G74	09	反向攻螺纹循环
G75	01	切入式磨削循环
G76	09	精密镗孔循环
G90		绝对指令
G91	03	增量指令
G92	00	工件坐标系的设定/主轴最高转速钳制
G94		每分钟进给
G95	05	每转进给

2. 常用 G 指令

1)平面选择

定位平面由 G17、G18、G19 指令决定，如表 3-2 所示。定位轴是钻孔轴以外的轴。

表 3-2　定位平面和钻孔轴

指令	定位平面	钻孔轴
G17	Xp-Yp 平面	Zp
G18	Zp-Xp 平面	Yp
G19	Yp-Zp 平面	Xp

注：Xp 表示 X 轴或 X 轴的平行轴，Yp 表示 Y 轴或 Y 轴的平行轴，Zp 表示 Z 轴或 Z 轴的平行轴。

例如，假定在系统参数中设定 U、V、W 分别为 X、Y、Z 的平行轴：

G17 G81 Z_：------------------------------ 钻孔轴为 Z 轴

G17 G81 W_：------------------------------ 钻孔轴为 W 轴

G18 G81 Y_：------------------------------ 钻孔轴为 Y 轴

G18 G81 V_：------------------------------ 钻孔轴为 V 轴

G19 G81 X_：------------------------------ 钻孔轴为 X 轴

G19 G81 U_：------------------------------ 钻孔轴为 U 轴

2)绝对坐标与增量坐标

G90：程序中坐标以原点作为基准，表示刀具终点的绝对坐标，如图 3-29(a)所示。

G91：程序中坐标以刀具起点作为基准，表示刀具终点相对于刀具起点坐标值的增量，如图 3-29(b)所示。

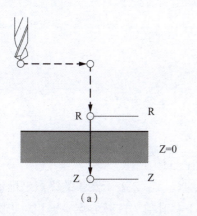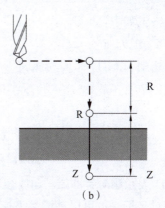

图 3-29　绝对指令和增量指令

(a)绝对指令 G90；(b)增量指令 G91

3)返回平面

G98：刀具从孔底返回到初始平面，如图 3-30(a)所示。

G99：刀具从孔底返回到 R 点平面，如图 3-30(b)所示。

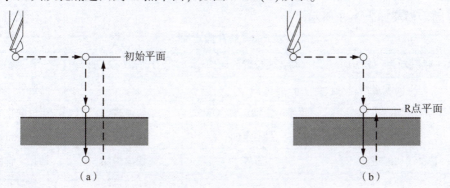

图 3-30　返回平面指令

(a)返回到初始平面指令 G98；(b)返回到 R 点平面指令 G99

通常，最初的钻孔使用 G99 指令，最后的钻孔使用 G98 指令。即使在 G99 指令中执行钻孔操作，基准平面也不会改变。

4)快速定位

G00：刀具从现在的位置点(起点)，快速移动到目标位置点(终点)。无运动轨迹要求，进给速度由系统规定(可以通过机床操作面板相应的按钮调节)，无需另行给定。

指令格式如下：

G00 X_Y_Z_；

例如：

G00 X110 Y60 Z160；

5)直线切削

G01：从当前的位置点，以给定的进给速度"F"移动到下一个位置点。G01 指令可用于加工两点间为直线的外径、内径，端面，斜度，倒 C 角，插沟槽等。

指令格式如下：

G01 X_Y_Z_F_;

圆弧切削（以 G17 平面为例）：

$$G17\begin{cases}G90\begin{cases}G02\ X\_Y\_R\_F\_;\\G03\ X\_Y\_R\_F\_;\end{cases}半径方式\\G91\begin{cases}G02\ X\_Y\_I\_J\_F\_;\\G03\ X\_Y\_I\_J\_F\_;\end{cases}圆心方式\end{cases}$$

其中，G02 表示顺时针圆弧；G03 表示逆时针圆弧；X、Y、Z 表示圆弧的终点坐标值，其值可以是绝对坐标，也可以是增量坐标。在增量方式下，其值为圆弧终点坐标相对于圆弧起点的增量值；R 表示圆弧半径；I、J、K 表示圆弧的圆心相对于其起点并分别在 X、Y、Z 坐标轴上的增量值。

3.2.3 钻孔固定循环

固定循环是指用于特定加工过程的通用子程序，目的是简化编程。

钻孔固定循环如表 3-3 所示。

表 3-3 钻孔固定循环

指令	钻孔动作（-Z 方向）	在孔底位置的动作	退刀动作（+Z 方向）	功能
G73	间歇进给	—	—	高速钻深孔循环
G74	切削进给	暂停→主轴正转（CW）	快速进给	反向攻螺纹
G76	切削进给	主轴定向	切削进给	精密镗孔
G82	切削进给	暂停	快速进给	钻孔、梯阶镗孔
G83	间歇进给	—	快速进给	钻深孔循环
G84	切削进给	暂停→主轴逆转	切削进给	攻螺纹
G85	切削进给	—	切削进给	镗孔
G86	切削进给	主轴停止	快速进给	镗孔
G87	切削进给	主轴正转	快速进给	回程镗孔
G88	切削进给	暂停→主轴停止	手动	镗孔

钻孔固定循环由下列 6 个动作顺序组成。具体如图 3-31 所示。

动作 1：X、Y 轴的定位（有可能变为其他轴）。

动作 2：快速进给到 R 点平面。

动作 3：钻孔。

动作 4：在孔底位置的动作。

动作 5：退刀至 R 点平面。

动作 6：快速进给到初始平面。

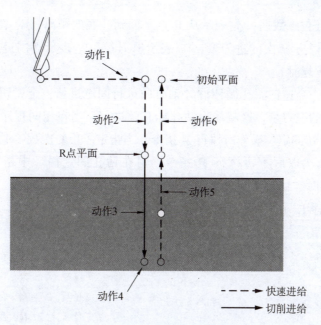

图 3-31 钻孔固定循环的动作顺序

1. 高速钻深孔循环(G73)

G73:进行高速钻深孔循环加工,如图 3-32 所示。该循环以间歇方式切削进给到达孔底,一边将金属切屑从孔中清除出去,一边进行加工。

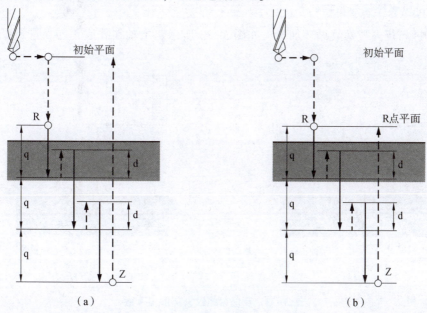

图 3-32 高速钻深孔循环加工示意

(a)G73(G98); (b)G73(G99)

指令格式如下:

G73 X_Y_Z_R_Q_D_F_K_;

其中，X_Y_表示孔位置数据；Z_表示从 R 点平面到孔底的距离；R_表示从初始平面到 R 点平面的距离；Q_表示每次的进刀量；D_表示退刀量；F_表示切削进给速度；K_表示重复次数(仅限需要重复时)。

注意：操作时，高速钻深孔循环沿 Z 轴方向进行间歇进给，金属切屑很容易从孔中清除，可以设定较小的退刀量，这就使得钻孔能有效进行。当在相同程序段中指定 G73 指令和 M 指令时，在最初的定位操作时执行 M 指令。当指定了重复次数 K 时，仅在第一次执行上述 M 指令，第二次以后不再执行 M 指令。当在钻孔固定循环中指定了刀具长度补偿(G43、G44、G49)时，在向 R 点平面定位时应用该补偿。

用 G73 指令编程的示例如下：

M3 S2000;	//主轴启动
G90 G99 G73 X300 Y-250 Z-150 R-100 Q15 F120;	//定位后,钻孔 1,然后返回到 R 点平面
Y-550;	//定位后,钻孔 2,然后返回到 R 点平面
Y-750;	//定位后,钻孔 3,然后返回到 R 点平面
X1000;	//定位后,钻孔 4,然后返回到 R 点平面
Y-550;	//定位后,钻孔 5,然后返回到 R 点平面
G98 Y-750;	//定位后,钻孔 6,然后返回到初始平面
G80 G28 G91 X0 Y0 Z0;	//返回到参考点
M5;	//主轴停止

2. 反向攻螺纹循环(G74)

G74：进行反向攻螺纹循环加工，如图 3-33 所示。主轴在孔底正转，进行反向攻螺纹循环。

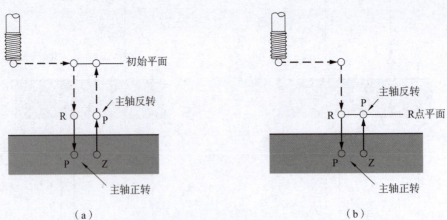

图 3-33　反向攻螺纹循环加工示意

(a)G74(G98)；(b)G74(G99)

指令格式如下：

G74 X_Y_Z_R_P_F_K_；

其中，X_Y_表示孔位置数据；Z_表示从 R 点平面到孔底的距离；R_表示从初始平面到 R

点平面的距离；P_表示暂停时间；F_表示切削进给速度；K_表示重复次数(仅限需要重复时)。

操作时使主轴反转进给，当到达孔底时，主轴正转并退刀，进行反向攻螺纹。注意：在反向攻螺纹操作完成前，忽略进给速度倍率开关，机床保持进给，维持机床操作，在进行反向攻螺纹前，使主轴反转。除使用 G74 指令外，也可以使用 M 指令。

用 G74 指令编程的示例如下：

M4 S100;	//主轴启动
G90 G99 G74 X300 Y-250 Z-150 R-120 F120;	//定位后,加工螺纹孔 1,然后返回到 R 点平面
Y-550;	//定位后,加工螺纹孔 2,然后返回到 R 点平面
Y-750;	//定位后,加工螺纹孔 3,然后返回到 R 点平面
X1000;	//定位后,加工螺纹孔 4,然后返回到 R 点平面
Y-550;	//定位后,加工螺纹孔 5,然后返回到 R 点平面
G98 Y-750;	//定位后,加工螺纹孔 6,然后返回到初始平面
G80 G28 G91 X0 Y0 Z0;	//返回到参考点
M5;	//主轴停止

3. 精密镗孔(G76)

G76：进行精密镗孔加工，如图 3-34 所示。主轴在到达孔底时停止，刀具离开工件的表面后收回。

指令格式如下：

G76 X_Y_Z_R_Q_P_F_K_；

其中，X_Y_表示孔位置数据；Z_表示从 R 点平面到孔底的距离；R_表示从初始平面到 R 点平面的距离；Q_表示孔底的位移量；P_表示孔底的暂停时间；F_表示切削进给速度；K_表示重复次数(仅限需要重复时)。

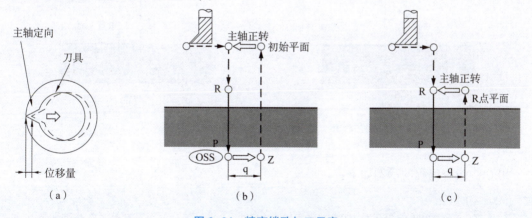

图 3-34 精密镗孔加工示意

(a)位移量；(b)G76(G98)；(c)G76(G99)

当刀具到达孔底时，主轴停止在固定的旋转位置，刀具与刀尖反向移动并且收回，这样能保证加工表面不受损伤，实现精确和有效的镗孔加工。注意：Q_(孔底的位移量)是保留在钻孔固定循环中的模态信息，它还可以被 G73、G83 指令当作进刀量使用。

用 G76 指令编程的示例如下：

M3 S500;	//主轴启动
G90 G99 G76 X300 Y−250 Z−150 R−120 Q5 P1000 F120.;	//定位后,钻孔 1,然后返回到 R 点平面在孔
	//底定向后位移 5 mm,在孔底停止 1 s
Y−550;	//定位后,钻孔 2,然后返回到 R 点平面
Y−750;	//定位后,钻孔 3,然后返回到 R 点平面
X1000;	//定位后,钻孔 4,然后返回到 R 点平面
Y−550;	//定位后,钻孔 5,然后返回到 R 点平面
G98 Y−750;	//定位后,钻孔 6,然后返回到基准平面
G80 G28 G91 X0 Y0 Z0;	//返回到参考点
M5;	//主轴停止

4. 钻孔循环，镗阶梯孔(G82)

G82：用于通常的钻孔，镗阶梯孔加工，如图 3-35 所示。切削进给进行到孔底，在孔底暂停，然后刀具以快速进给的方式从孔底收回。该循环可以提高孔深的精度。

指令格式如下：

G82 X_Y_Z_R_P_F_K_;

其中，X_Y_表示孔位置数据；Z_表示从 R 点平面到孔底的距离；R_表示从初始平面到 R 点平面的距离；P_表示暂停时间；F_表示切削进给速度；K_表示重复次数(仅限需要重复时)。

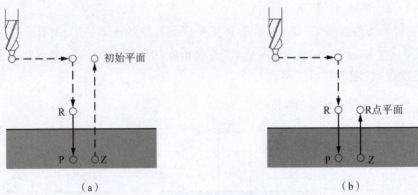

图 3-35　钻孔循环，镗阶梯孔加工示意

(a)G82(G98)；(b)G82(G99)

用 G82 指令编程的示例如下：

M3 S2000;	//主轴启动
G90 G99 G82 X300 Y−250 Z−150 R−100 P1000 F120;	//定位后,钻孔 1,然后在孔底暂停1s后,
	//返回到 R 点平面
Y−550;	//定位后,钻孔 2,然后返回到 R 点平面
Y−750;	//定位后,钻孔 3,然后返回到 R 点平面
X1000;	//定位后,钻孔 4,然后返回到 R 点平面

Y-550;	//定位后,钻孔 5,然后返回到 R 点平面
G98 Y-750;	//定位后,钻孔 6,然后返回到初始平面
G80 G28 G91 X0 Y0 Z0;	//返回到参考点
M5;	//主轴停止

5. 钻深孔循环(G83)

G83:进行钻深孔循环加工,如图 3-36 所示。该循环以间歇方式切削进给到达孔底,一边将金属切屑从孔中清除出去,一边进行加工。

指令格式如下:

G83 X_Y_Z_R_Q_D_F_K_;

其中,X_Y_表示孔位置数据;Z_表示从 R 点平面到孔底的距离;R_表示从初始平面到 R 点平面的距离;Q_表示每次的进刀量;D_表示退刀量;F_表示切削进给速度;K_表示重复次数(仅限需要重复时)。

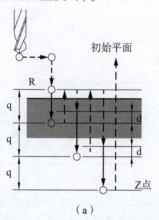 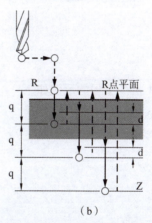

（a）　　　　　　　　　　　　　　（b）

图 3-36　钻深孔循环加工示意图

（a）G83(G98)；（b）G83(G99)

用 G83 指令编程的示例如下:

M3 S2000;	//主轴启动
G90 G99 G83 X300 Y-250 Z-150 R-100 Q15 F120;	//定位后,钻孔 1,然后返回到 R 点平面
Y-550;	//定位后,钻孔 2,然后返回到 R 点平面
Y-750;	//定位后,钻孔 3,然后返回到 R 点平面
X1000;	//定位后,钻孔 4,然后返回到 R 点平面
Y-550;	//定位后,钻孔 5,然后返回到 R 点平面
G98 Y-750;	//定位后,钻孔 6,然后返回到初始平面
G80 G28 G91 X0 Y0 Z0;	//返回到参考点
M5;	//主轴停止

6. 攻螺纹循环(G84)

G84:进行攻螺纹循环加工,如图 3-37 所示。加工时使主轴正转进给,当到达孔底时,主轴反转,执行攻螺纹循环。

指令格式如下：

G84 X_Y_Z_R_P_F_K_；

其中，X_Y_表示孔位置数据；Z_表示从 R 点平面到孔底的距离；R_表示从初始平面到 R 点平面的距离；P_表示暂停时间；F_表示切削进给速度；K_表示重复次数（仅限需要重复时）。

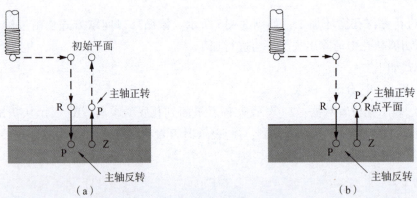

图 3-37　攻螺纹循环加工示意

（a）G84（G98）；（b）G84（G99）

扩 G84 指令编程的示例如下：

M3 S100;	//主轴启动
G90 G99 G84 X300 Y-250 Z-150 R-120 P300 F120;	//定位后,加工螺纹孔 1,然后返回到 R 点平面
Y-550;	//定位后,加工螺纹孔 2,然后返回到 R 点平面
Y-750;	//定位后,加工螺纹孔 3,然后返回到 R 点平面
X1000;	//定位后,加工螺纹孔 4,然后返回到 R 点平面
Y-550;	//定位后,加工螺纹孔 5,然后返回到 R 点平面
G98 Y-750;	//定位后,加工螺纹孔 6,然后返回到初始平面
G80 G28 G91 X0 Y0 Z0;	//返回到参考点
M5;	//主轴停止

7. 镗孔循环（G85）

G85：进行镗孔循环加工，如图 3-38 所示。沿 X 轴和 Y 轴定位之后，刀具快速进给到 R 点平面。之后，从 R 点平面到 Z 点进行钻孔加工。在到达 Z 点后，刀具以切削进给的方式返回到 R 点平面。

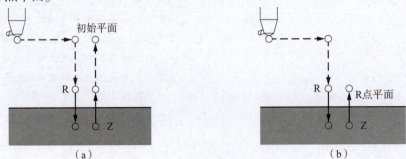

图 3-38　镗孔循环加工示意 1

（a）G85（G98）；（b）G85（G99）

指令格式如下：

G85 X_Y_Z_R_F_K_；

其中：X_Y_表示孔位置数据；Z_表示从 R 点平面到孔底的距离；R_表示从初始平面到 R 点平面的距离；F_表示切削进给速度；K_表示重复次数(仅限需要重复时)。

用 G85 指令编程的示例如下：

M3 S100；	//主轴启动
G90 G99 G85 X300 Y-250 Z-150 R-120 F120；	//定位后,钻孔 1,然后返回到 R 点平面
Y-550；	//定位后,钻孔 2,然后返回到 R 点平面
Y-750；	//定位后,钻孔 3,然后返回到 R 点平面
X1000；	//定位后,钻孔 4,然后返回到 R 点平面
Y-550；	//定位后,钻孔 5,然后返回到 R 点平面
G98 Y-750；	//定位后,钻孔 6,然后返回到基准平面
G80 G28 G91 X0 Y0 Z0；	//返回到参考点
M5；	//主轴停止

8. 镗孔循环(G86)

G86：进行镗孔循环加工，如图3-39所示。当主轴在孔底停止旋转后，刀具以快速进给方式收回。

指令格式如下：

G86 X_Y_Z_R_F_K_；

其中，X_Y_表示孔位置数据；Z_表示从 R 点平面到孔底的距离；R_表示从初始平面到 R 点平面的距离；F_表示切削进给速度；K_表示重复次数(仅限需要重复时)。

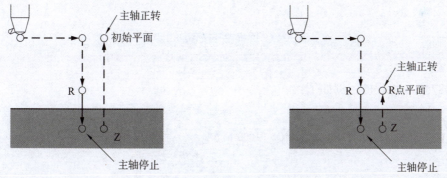

图3-39 镗孔循环加工示意 2

(a)G86(G98)；(b)G86(G99)

用 G86 指令编程的示例如下：

M3 S2000；	//主轴启动
G90 G99 G86 X300 Y-250 Z-150 R-100 F120；	//定位后,钻孔 1,然后返回到 R 点平面
Y-550；	//定位后,钻孔 2,然后返回到 R 点平面
Y-750；	//定位后,钻孔 3,然后返回到 R 点平面
X1000；	//定位后,钻孔 4,然后返回到 R 点平面
Y-550；	//定位后,钻孔 5,然后返回到 R 点平面
G98 Y-750；	//定位后,钻孔 6,然后返回到初始平面

G80 G28 G91 X0 Y0 Z0;	//返回到参考点
M5;	//主轴停止

9. 回程镗孔循环(G87)

G87:进行回程镗孔循环加工,如图3-40所示。沿 X 轴和 Y 轴定位之后,主轴停止在固定的旋转位置,刀具在与刀尖相反的方向位移后,以快速进给的方式定位在孔底(R 点平面)。

指令格式如下:

G87 X_Y_Z_R_Q_P_F_K_;

其中,X_Y_表示孔位置数据;Z_表示从 R 点平面到孔底的距离;R_表示从初始平面到 R 点平面的距离;Q_表示孔底的位移量;P_表示孔底的暂停时间;F_表示切削进给速度;K_表示重复次数(仅限需要重复时)。

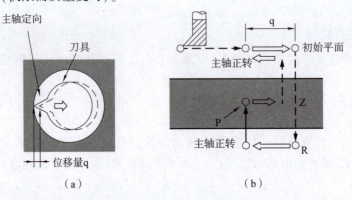

图 3-40　回程镗孔循环加工示意
(a)位移量;(b)G87(G98)

用 G87 指令编程的示例如下:

M3 S500;	//主轴启动
G90 G87 X300 Y-250 Z-150 R-120 Q5 P1000 F120;	//定位后,钻孔 1 在基准平面定位后,位移 5 mm
	//在 Z 点停止 1 s
Y-550;	//定位后,钻孔 2
Y-750;	//定位后,钻孔 3
X1000;	//定位后,钻孔 4
Y-550;	//定位后,钻孔 5
Y-750;	//定位后,钻孔 6
G80 G28 G91 X0 Y0 Z0;	//返回到参考点
M5;	//主轴停止

10. 镗孔循环(G88)

G88:进行镗孔循环加工,如图3-41所示。沿 X 轴和 Y 轴定位之后,刀具快速进给到 R 点平面。从 R 点平面到 Z 点进行镗孔操作。之后,刀具在孔底暂停,而后主轴停止,并进入保持状态。因此，此时可以切换到手动模式，手动移动刀具。任何手动操作都可以进行，但是，最后应将刀具从孔中抽出，以保证安全。

指令格式如下：

G88 X_Y_Z_R_P_F_K_；

其中，X_Y_表示孔位置数据；Z_表示从 R 点平面到孔底的距离；R_表示从初始平面到 R 点平面的距离；P_表示孔底的暂停时间；F_表示切削进给速度；K_表示重复次数（仅限需要重复时）。

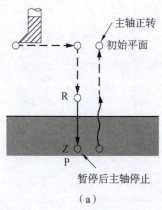 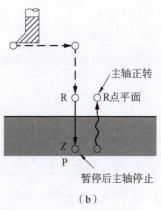

图 3-41　镗孔循环加工示意 3

（a）G88（G98）；（b）G88（G99）

用 G88 指令编程的示例如下：

M3 S2000;	//主轴启动
G90 G99 G88 X300 Y-250 Z-150 R-100 P1000 F120;	//定位后,钻孔 1,然后返回到 R 点平面,在孔底
	//停止 1 s
Y-550;	//定位后,钻孔 2,然后返回到 R 点平面
Y-750;	//定位后,钻孔 3,然后返回到 R 点平面
X1000;	//定位后,钻孔 4,然后返回到 R 点平面
Y-550;	//定位后,钻孔 5,然后返回到 R 点平面
G98 Y-750;	//定位后,钻孔 6,然后返回到基准平面
G80 G28 G91 X0 Y0 Z0;	//返回到参考点
M5;	//主轴停止

3.2.4　数控铣削加工案例

1. 平面铣削

平面铣削加工如图 3-42 所示的工件，试编写其加工程序。其中，毛坯为 100 mm×80 mm×31 mm 的铝合金材料，切削深度为 1 mm。

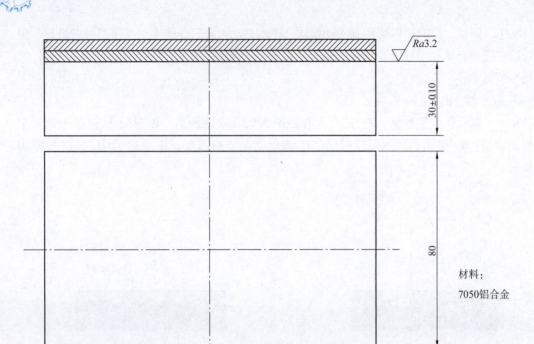

图 3-42　平面铣削案例工件

采用 $\phi60$ mm 面铣刀进行加工，编程示例如下：

```
O0001;                                    //程序号
N10 G90 G00 G54 X-90 Y-20 Z20 M03 S1000;  //主轴正转,刀具在 XY 平面中快速定位
N20 Z2;                                   //刀具移动到参考高度
N30 G01 Z-1 F400;                         //一次切削至总深
N40 X50;
N50 Y20;
N60 X-90;
N70 G00 Z20;                              //刀具沿 Z 轴方向快速抬刀
N80 M05;                                  //主轴停转
N90 M30;                                  //程序结束
```

2. 外轮廓铣削

外轮廓铣削加工如图 3-43 所示工件，试编写其外轮廓加工程序。其中，毛坯为 80 mm× 80 mm×20 mm 的凸台。加工过程中，需使用刀具半径补偿指令。

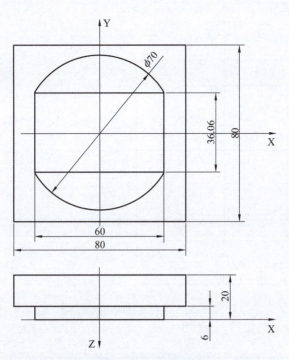

图 3-43　外轮廓铣削案例工件

采用 $\phi16$ mm 立铣刀进行加工，编程示例如下：

O0003;	//程序号
N10 G90 G0 X-50 Y-50 Z50 M03 S1000;	//主轴正转,转速为 600 r/min,刀具定位,轨迹 1
N20 Z2;	//轨迹 2
N30 G01 Z-6 F300;	//沿 Z 轴方向下刀,轨迹 3
N40 G41 G01 X-30 D01;	//建立刀补,轨迹 4
N50 Y18.03;	//轨迹 5
N60 G02 X30 R35;	//轨迹 6
N70 G01 Y-18.03;	//轨迹 7
N80 G02 X-50 R35.;	//轨迹 8
N90 G40 G01 X-50 Y-50.;	//取消刀补,轨迹 9
N100 G00 Z50;	//刀具沿 Z 轴方向快速抬刀
N110 M05;	//主轴停转
N120 M30;	//程序结束

3. 内轮廓铣削

内轮廓铣削加工如图 3-44 所示工件，试编写其内轮廓数控精加工程序。已知毛坯料为铝合金，已完成粗加工，轮廓留有 1 mm 的精加工余量。要求：在加工过程中使用刀具半径补偿指令，采用 $\phi10$ mm 立铣刀进行加工，一次下刀 8 mm，顺铣。

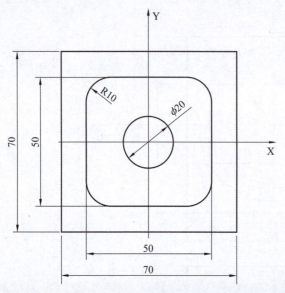

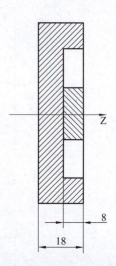

图 3-44　内轮廓铣削案例工件

编程示例如下：

O0005;	//程序号
N10 G90 G00 G54 X0 Y0 Z40 M03 S1000;	//主轴正转,刀具在 XY 平面中快速定位
N20 G00 X-50 Y-50;	//快速移至刀补起点
N30 G41 G01 X-25Y0 D01 F150;	//建立刀补
N40 G01 Z-8;	//沿 Z 轴方向下刀至铣削深度位置
N50 Y-15;	//开始加工内轮廓
N60 G03 X-15 Y-25 R10;	
N70 G01 X15;	
N80 G03 X25 Y-15 R10;	
N90 G01 Y15;	
N100 G03 X15 Y25 R10;	
N110 G01 X-15;	
N120 G03 X25 Y-5 R10;	
N130 G01 Y0;	
N140 G01 X-10;	
N150 G02 I10;	//加工 ϕ20 mm 整圆
N160 G40 G01 X-16Y0;	//取消刀补
N170 M05;	//主轴停转
N180 M30;	//程序结束

4. 孔加工

孔加工如图 3-45 所示工件，试编写其孔加工程序。

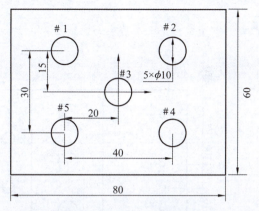

图 3-45　孔加工案例工件

要求：采用 φ10 mm 麻花钻进行加工，加工路线为#1→#2→#3→#4→#5，孔的深度为 5 mm。

编程示例如下：

O0009;	//程序号
N10 G90 G00 G54 X-20. Y15. Z50. M03 S600 M08;	//主轴正转,钻头在 XY 平面快速定位到孔#1,//切削液打开
N20 Z10;	//Z 轴定位到工件上表面 1 mm 处
N30 G01 Z-5 F200;	//钻孔#1
N40 G00 Z1;	//抬刀至参考平面
N50 X0 Y0;	//快速定位到孔#2
N60 G01 Z-5;	//钻孔#2
N70 G00 Z1;	//抬刀至参考平面
N80 X20 Y15;	//快速定位到孔#3
N90 G01 Z-5;	//钻孔#3
N100 G00 Z1;	//抬刀至参考平面
N110 Y-15;	//快速定位到孔#4
N120 G01 Z-5;	//钻孔#4
N130 G00 Z1;	//抬刀至参考平面
N140 G00 X-20;	//快速定位到孔#5
N150 G01 Z-5;	//钻孔#5
N160 G00 Z20;	//抬刀至初始平面
N170 M05;	//主轴停转
N180 M30;	//程序结束

5. 钻孔固定循环加工

钻孔固定循环加工如图 3-46 所示工件，试编写其孔加工程序。要求：使用刀具长度补偿指令、采用固定循环。#1~#6，钻 φ10 孔；#7~#10，钻 φ20 孔；#11~13，镗 φ95 孔（孔深 50 mm）。T11 的偏置值为+200.0，T15 的偏置值为+190.0，T31 设的偏置值为+150.0。

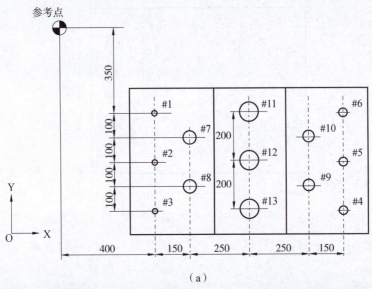

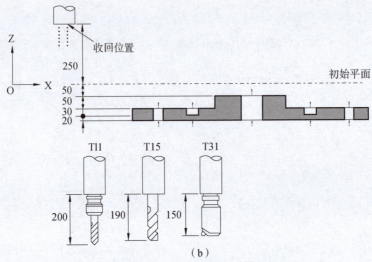

图 3-46 钻孔固定循环案例工件及刀具
（a）工件；（b）刀具

编程示例如下:

```
O0001;
N001 G92 X0 Y0 Z0;                          //在参考点设定坐标系
N002 G90 G00 Z250 T11 M6;                    //换刀
N003 G43 Z0 H11;                             //初始平面,刀具长度补偿
N004 S30 M3;                                 //主轴启动
N005 G99 G81 X400 Y-350 Z-153 R-97 F120;     //定位后,钻孔#1
N006 Y-550;                                  //定位后,钻孔#2,然后返回到 R 点平面
N007 G98 Y-750;                              //定位后,钻孔#3,然后返回到初始平面
N008 G99 X1200;                              //定位后,钻孔#4,然后返回到 R 点平面
N009 Y-550;                                  //定位后,钻孔#5,然后返回到 R 点平面
```

N010 G98 Y−350;	//定位后,钻孔#6,然后返回到初始平面参考点,主 //轴停止
N011 G00 X0 Y0 M5;	//返回到参考点,主轴停止
N012 G49 Z250 T15 M6;	//刀具长度补偿取消、换刀
N013 G43 Z0 H15;	//基准平面,刀具长度补偿
N014 S20 M3;	//主轴启动
N015 G99 G82 X550 Y−450 Z−130 R−97 P300 F70;	//定位后,钻孔#7,然后返回到 R 点平面
N016 G98 Y−650;	//定位后,钻孔#8,然后返回到初始平面
N017 G99 X1050;	//定位后,钻孔#9,然后返回到 R 点平面
N018 G98 Y−450;	//定位后,钻孔#10,然后返回到初始平面参考点 //返回,主轴停止
N019 G00 X0 Y0 M5;	//返回到参考点,主轴停止
N020 G49 Z250 T31 M6;	//刀具长度补偿取消、换刀
N021 G43 Z0 H31;	//基准平面,刀具长度补偿
N022 S10 M3;	//主轴启动
N023 G85 G99 X800 Y−350 Z−153 R47 F50;	//定位后,钻孔#11,然后返回到 R 点平面
N024 G91 Y−200 K2;	//定位后,钻孔#12、#13,然后返回到 R 点平面参考 //点返回,主轴停止
N025 G28 X0 Y0 M5;	//参考点返回,主轴停止
N026 G49 Z0;	//刀具长度补偿取消
N027 M30;	//程序结束

3.2.5　数控铣床实操

以下实操内容基于 FANUC-0i 系统,VMC850 型立式数控铣床。

1. 开机

(1)依次打开机床电源、NC 电源、显示器及计算机主机电源开关。

(2)启动数控系统,松开"急停"按钮,打开程序保护开关。

(3)回参考点。将操作面板工作方式设置为回参考点;依次按下操作面板中〈+Z〉〈+X〉〈+Y〉键,回到参考点后,操作面板上各参考点(Z、X、Y)指示灯亮。注意:在实际操作过程中,为了防止撞刀,回参考点时一定要先回+Z,等待刀具整体高于工件上表面后再回+X、+Y。

2. 关机

(1)按下"急停"按钮。

(2)退出数控系统。

(3)依次关闭显示器、计算机主机电源、NC 电源及机床电源开关。

3. 工件坐标系和对刀点

1)工件坐标系

工件坐标系是编程人员在编程时使用的坐标系。编程时一般选择工件上的某一已知点为原点,即编程原点(也称为程序原点),建立一个新的坐标系,称为工件坐标系。工件坐标系一旦建立便一直有效,直到被新的工件坐标系所取代。

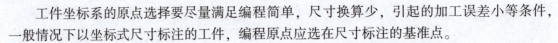

工件坐标系的原点选择要尽量满足编程简单，尺寸换算少，引起的加工误差小等条件，一般情况下以坐标式尺寸标注的工件，编程原点应选在尺寸标注的基准点。

2）对刀点

对刀点是工件程序加工的起始点，可与编程原点重合，也可设置在任何便于对刀之处，但该点与编程原点之间必须有确定的坐标联系。对刀的目的是确定编程原点在机床坐标系中的位置。可以通过 CNC 系统将相对于编程原点的任意点的坐标转换为相对于机床原点的坐标。加工开始时，要设置工件坐标系，可用 G54~G59 指令进行设置。

4. 手动试切法对刀

手动试切法对刀采用对称中心对刀。

（1）X 轴方向数据获取。将工件、刀具分别安装在机床工作台和刀具主轴上；快速移动工作台和主轴，让刀具靠近工件的左侧；改用手动操作模式，让刀具慢慢接触工件左侧，并仔细观察刀具和工件是否紧密贴合，若已紧密贴合，则记下此时机床坐标系的数值（假设 $X_1 = -240.022$）；抬起刀具至工件上表面之上，快速移动，让刀具靠近工件右侧；改用手动操作模式，则让刀具缓慢接触工件右侧，并紧密贴合，记下此时机床坐标系的数值（假设 $X_2 = -260.996$）；取两坐标之和的一半为 $X = (X_1 + X_2)/2 = -250.509$。

（2）Y 轴方向数据获取的操作和 X 轴相同，假设刀具接触到前侧面时机床坐标系的数值为 $Y_1 = -232.170$，接触到后侧面时机床坐标系的数值为 $Y_2 = -143.570$，则 $Y = (Y_1 + Y_2)/2 = -187.870$。

（3）Z 轴方向数据获取。转动刀具，快速移动到工件上表面附近，改用手动操作模式，让刀具慢慢接触工件上表面，直到发现有少许切屑为止，记下此时机床坐标系的数值（假设 $Z = -340.340$）。

在手动操作模式下按"设置"键（F5）。按"坐标系设定"键（F1）。

按"翻页"键（PgUp、PgDn），选择要输入的坐标系 G54~G59 其中之一。

假设为 G54，输入"X-250.509，Y-187.870，Z-340.340"，完成工件坐标系的设置（对刀）。

5. 运行加工

将编写好的程序输入机器中，按下操作面板上的"自动"键，再按下操作面板上的"循环启动"键，机床进入自动加工状态。

6. 清理机床

取出加工完毕的工件，将加工产生的碎屑清理干净，关闭机床。

▶▶ 3.2.6　数控铣削安全操作规程

数控铣削安全操作规程如下。

（1）上机前，必须仔细阅读数控铣床操作注意事项，严格遵守实训规定。

（2）编好程序之后，必须进行加工程序校验，待指导教师复查合格后方可上机操作；上机操作须在指导教师的指导下进行，未经指导教师允许，严禁学生操作机床加工工件。

（3）安装工件、刀具必须牢固，扳手、量具在使用完毕后，必须及时放置在固定的安全位置，严禁放置在机床内。

（4）工作时，要佩戴防护镜，禁止戴手套，严禁靠近旋转刀具。

（5）工作时，必须集中注意力，严禁离开机床或做与当前操作无关的事；遇到不懂的问题要及时请教指导教师，切勿鲁莽行事；如遇特殊、突发事件，须及时按下"急停"按钮，并报告指导教师，由指导教师具体处理、解决。

（6）机床开动时，严禁使用量具测量工件。

（7）清除切屑必须使用专用毛刷，严禁用手或抹布直接清除。

（8）机床使用前、后，要擦净，并按技术要求进行润滑。

（9）机床在调整时，必须立警告牌，禁止移动或损坏安装在机床上的警告牌。

（10）必须保证机床的工作环境符合设计要求，机床要避免在潮、湿、冷的环境下工作。

（11）使用刀具应与机床规格相符。安装新刀具时必须进行严格对刀调试，在进行 1～2 次试切削验证后方可正式使用；定期进行磨损补偿，保证刀具始终处于正确的工作位置；刀具磨损后要及时更换。

（12）不要在机床周围放置障碍物，保证工作空间通畅、整洁。

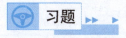

习题

1. 加工如图 3-47 所示工件，试编写其加工程序。

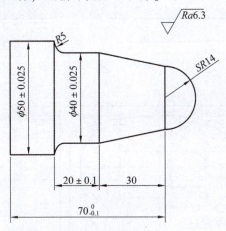

图 3-47　习题 1 工件

2. 加工如图 3-48 所示工件，试编写其外轮廓加工程序。

3. 加工如图 3-49 所示工件内孔，试编写其加工程序。

4. 加工如图 3-50 所示工件，试编写其加工程序。

5. 加工如图 3-51 所示工件，试编写其加工程序。

已知：材料为 45 钢，毛坯尺寸为 100 mm×70 mm×10 mm，加工参数如表 3-4 所示。

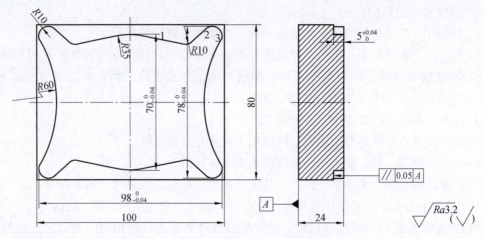

图 3-48 习题 2 工件

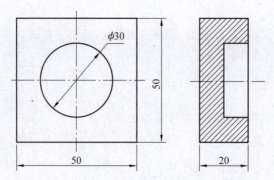

图 3-49 习题 3 工件

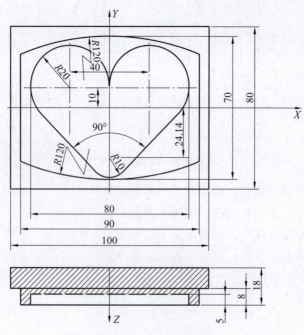

图 3-50 习题 4 工件

表 3-4　习题 5 加工参数

直径/mm	刀补号	长度补正号	转速/(r·min⁻¹)	进给速度/(mm·min⁻¹)	切深/mm	备注
20	D01	H01	550	80	5	外轮廓加工
8	D02	H02	1 200	25	3	型腔加工
3		H03	800	100		孔定位
8		H04	1 200	100		孔加工

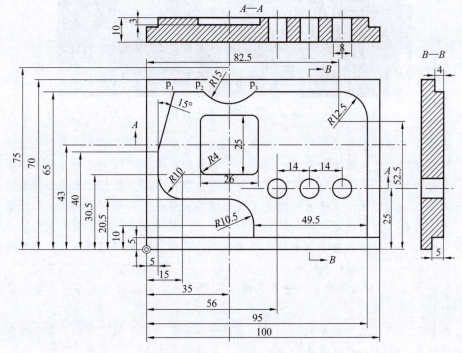

图 3-51　习题 5 工件

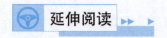

卫建平：数控技术的追梦人

自 20 世纪 50 年代初以来，数控技术以数字控制为核心，逐渐成为当代制造业的重要技术之一。其引入显著提升了生产效率和产品品质，同时深刻扩展了人类对物质世界的认知与探索；也因加快发展数控机床产业的必要性和重要性，成为新工科建设的最具代表性专业之一。

卫建平（图 3-52）是数控技术领域的杰出人物，以在数控技术发展中的卓越贡献和领导地位而著称。他是中国数控技术的奠基人之一，曾主持研制了中国的第一台数控机床，并在该领域取得显著的成就。

卫建平出生于普通家庭，但在幼年时期便展现了惊人的数学天赋。他将数学视为揭示世界的方式，因此，一直深入研究数控技术，将数字信息技术与制造业相结合。在学习和研究中，他走访全国各地的工厂和研究所，努力理解数控技术的本质和应用。

图 3-52　工作中的卫建平

卫建平不断尝试创新方法和技术，在数控机床的设计和制造中亲自参与。通过实践和深入研究，他逐渐成为数控领域的专家，被誉为中国数控技术的创始人之一。他主持研制了中国的第一台数控机床，并持续推动技术研发和应用，填补了国产数控机床产品的空白。除在数控机床方面取得成就外，他还主持制造了家电模具，解决了传统工艺无法加工超薄和大型工件的问题。此外，他在核能机械领域也进行了研究，获得多项国家科技成果奖。卫建平不仅强调自身技术提升，还专注于技术传承和培养人才。作为国家级创新工作室的负责人，他坚持以"以师带徒——注重人才专项培养，产学结合——强调校企合作，以赛促学——积极参与各类技能大赛"为核心原则，充分发挥技术引领作用。并通过组织多种活动，促进技术创新和技能培训的发展。

在为数控技术的发展作出贡献的同时，卫建平积极推动整个制造业的发展。他经常参与国内外会议和学术交流，担任重要职务，为制造业的健康发展出谋划策。

第4章
焊接基础

学习目标 >> ▶

了解焊接的历史，掌握焊接的定义、分类及应用。

学习任务 >> ▶

通过本章的学习，读者需要掌握以下的知识：
(1)焊接的工艺特点；
(2)三种焊接方法。

4.1 焊接的定义及历史

4.1.1 焊接的定义

焊接是指采用加热、加压或两者并用的方法，借助一定填充材料使焊件连接在一起的技术。焊接最本质的特点就是将原本分开的物体永久地连接在一起。与铆接相比，焊接可以节省金属材料，降低结构质量；与铸造相比，焊接不需要木模、砂型、熔炼及浇筑，且工序简单、生产周期短。焊接可以用于连接金属、塑料和其他材料，并广泛应用于制造业、建筑业、航空航天、汽车制造等领域。焊接的目的是实现牢固的连接，使连接部位具有足够的强度和密封性。

4.1.2 焊接的历史

焊接技术的发展已有几千年的历史，它是随着金属的应用而出现的，我国是世界上应用焊接技术最早的国家。大量的史实证明我国的劳动人民在铸造、锻造和焊接方面的成就是辉煌的，从出土的战国时期的青铜器上可以看出其本体、耳和足等都是利用焊接技术连接在一起的，这要比欧洲国家早 2 000 多年。

古代的焊接技术主要是铸焊、钎焊和锻焊，这些焊接技术与现代的熔焊、钎焊和压焊有

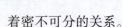

着密不可分的关系。

1. 古代铸焊

铸焊主要应用于青铜器的焊接，是中国最早的焊接技术。在此之前有一种称作铸接的连接方式，是一种机械连接方式，这种连接方式随着时间的推移，会出现接合部位的脱落。到了春秋时期，随着金属工艺的提高，铸接转变为以附件先铸为主或者器体和附件分别铸造再予焊接的连接方式。所谓的铸焊就是以低熔点合金作为焊接焊料，将其熔融后注入分铸的器体和附件之间，使器体和附件连接在一起，焊件一般不预热。

通过对出土青铜器的研究得知，当时所使用的的熔点合金焊料主要为铅锡合金。例如，河南淅川出土的楚墓大鼎，由于焊料氧化生锈，鼎足在出土时已经脱落，对空腔内剩存黑色渣状物进行检验，其主要成分为氧化锡和氧化铅，可知是铅锡焊料所生成。

2. 古代钎焊

在古代的焊接中，最主要的方法就是钎焊，它是将焊料放在焊件的坡口上，利用烙铁加热使焊料熔化，将焊件连接在一起。古代钎焊也分为软钎焊和硬钎焊，或者称为低温钎焊和高温钎焊。《天工开物》记载："用锡末者为小焊，用响铜末者为大焊。"这里的"大焊"和"小焊"也就是所谓的软钎焊和硬钎焊。然而在实际的操作中，根据焊件材料、形状及焊缝强度要求的不同，需要采用不同的工艺形式及焊料(焊药)。

低温钎焊中最常用的就是汞齐法，它是用汞混合铅锡两种金属一起制成汞齐，并以之作为焊料。此法最早的记载在《物理小识》中："水银、铅、锡三合亦成焊药。"这"三合"之物即是铅锡汞齐。《镜镜詅痴》中曾记载在焊接时使用松香。加入松香是为了去除锡料杂质和防止焊料氧化，经充分搅拌，去除渣滓，得到纯净的锡铅合金熔液。而松香至今仍在作为焊料使用，同时用作焊料的还有硼砂、盐胆、胡桐泪等。加入汞的目的是降低钎焊料的熔点，这样可以用于低熔点金属的焊接。

3. 古代锻焊

锻造工艺是铁器时代开始被广泛应用的。当时一件成品要经过选料、下料、开坯、锻接等十数道工序，其中的锻接就是锻焊。它是将两种同种或不同种的金属在加热但非熔融的情况下进行锤煅使其直接合在一起的一种成型工艺。战国时期人们制造的刀剑，刀刃为钢，刀背为熟铁，一般是经过加热锻焊而成的。此外，《天工开物》曾记载："凡铁性逐节粘合，涂上黄泥于接口之上，入火挥槌，渣滓成枵而去，取其神气为媒合。胶结之后，非灼红斧斩，永不可断也。""凡焊铁之法……大焊则竭力挥锤而强合之。"这里的"大焊"就是锻焊。

中国古代也将铜和铁一起入炉加热，经锻打制造刀、斧；用黄泥或筛细的陈久壁土撒在接口上，分段锻焊大型船锚，如图4-1所示。

我国古代劳动人民在铸造、锻造和焊接方面的成就是辉煌的，特别是在15世纪以前，这些技术的发明和应用远远超过了同时期的欧洲。现代的诸多焊接技术都可以在古代找到原始的焊接技术，都是由古代焊接技术发展而来的。

近代焊接技术是从1885年出现碳弧焊开始发展的。1890年，出现利用金属电极(光焊条或光焊丝)进行电弧焊的技术。1907—1914年，带药皮或涂层的焊条被发明出来。与此同时，电阻焊技术得到发展，包括点焊、缝焊、凸焊和闪光对焊。1903年，人们发明了铝热焊并首次用于焊接铁路钢轨。在这个时期，气焊和切割技术也得到了完善。20世纪20年代，人们发明了各种各样的焊条。那时，人们在厚药皮焊条是否优于薄药皮焊条的问题上存在着很大分歧。1929 年，林肯电气公司生产了挤出型焊条并向业界出售。截至 1930 年，带药皮焊条已经得到了广泛应用。焊接标准的出现对焊缝金属质量提出了更高的要求，从而增加了带药皮焊条的使用量。

图 4-1　锻焊大型船锚 (摘自《天工开物》)

　　近年来，经济的快速增长带动了我国制造业的发展，也促进了焊接技术的进步。但在自动化技术和智能化技术快速发展的今天，在保证产品质量的基础上实现焊接技术的自动化和智能化成为当前焊接技术发展的首要任务。目前，就我国现代焊接技术的发展现状来看，将智能控制技术、图像处理技术及传感器技术等现代技术与焊接技术进行融合，可以使现代焊接技术更具有时代特点。

4.2　焊接的分类及应用

4.2.1　焊接的分类

　　焊接技术种类很多，通常分为熔焊、压焊和钎焊 3 类，如图 4-2 所示。每种焊接技术都有其适用的材料类型、焊接速度和焊接质量要求。

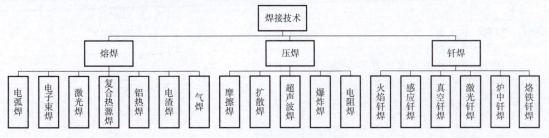

图 4-2　焊接技术的分类

1. 熔焊

熔焊是指焊接过程中将焊件接头加热到熔化状态，不加压力完成焊接的技术，如电弧焊、气焊等。熔焊时利用电能或化学能使焊接接头局部熔化成熔融状态，然后冷却结晶，连接成一体。

2. 压焊

压焊是指焊接过程中对焊接施加压力（可同时加热或不加热），以完成焊接的技术，如电阻焊。压焊时加压使焊件接头产生塑性变形，实现原子结合连接成一体。

3. 钎焊

钎焊是利用熔点比母材低的填充金属熔化以后，填充接头间隙并与固态的母材相互扩散实现连接的焊接技术，如铜钎焊、锡钎焊等。

近年来，随着科技的进步，焊接技术也在不断发展，如自动化焊接、机器人焊接和激光焊接等高新技术的应用，使焊接更加高效、精确、可靠。

4.2.2　焊接的应用

目前，焊接技术广泛应用于金属制品、汽车、航空航天、建筑、电工电子、化工设备等领域。在金属制品生产领域中，焊接技术被用于连接金属构件，如焊接钢结构、焊接管道、焊接容器等；在汽车制造领域中，需要大量的金属连接，包括车身焊接、车架焊接、发动机焊接等；在航空航天领域中，焊接技术被用于连接高强度、轻量化的机身材料，如铝合金、钛合金等；在建筑领域中，焊接技术被用于连接钢结构、管道、桥梁等；在电子电器制造领域中，焊接技术被用于连接电子元件、印制电路板等；在化工设备制造领域中，需要对容器、管道等进行焊接，以确保设备的密封性和安全性。此外，焊接还可以用来修补工件的缺陷和损坏。

例如，2011 年建成的南京大胜关长江大桥，它代表了当时中国桥梁建造的最高水平。该桥全长 9 273 m，跨水面正桥长 1 615 m，桥梁钢结构的总量高达 $3.5×10^5$ t，而钢结构的焊接是该桥梁的主要制造方法。又如，北京大兴国际机场的主航站楼由核心区和向四周散射的 5 个长廊组成，整体呈凤凰造型。航站楼钢网架结构由支撑系统和屋盖钢结构组成，形成了一个不规则的自由曲面空间；总投影面积达 $3.13×10^5$ m^2，大约相当于 44 个标准足球场，自重超过 $5.2×10^4$ t。该机场的网架结构也是采用焊接方法进行加工的。除此之外，国产航母山东舰是我国首艘自主研制的航母，其排水量约为 6 万 t，甲板采用了自动焊接技术。

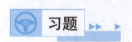

1. 焊接相对其他金属加工方法有什么特点？

2. 焊接技术主要分为哪几种？定义是什么？

3. 简述焊接的应用及实例。

 延伸阅读 ▶▶ ▶

高凤林：航天焊接领域的杰出工匠

高凤林(图 4-3)，生于 1962 年 3 月，河北东光人，高级技师，以杰出的业绩荣获了全国劳动模范、全国五一劳动奖章、全国国防科技工业系统劳动模范等荣誉，2018 年获得"大国工匠年度人物"称号，现任中国航天科技集团有限公司第一研究院 211 厂 14 车间的组长，同时担任第一研究院首席技能专家和中华全国总工会副主席。作为航天特种熔融焊接工，高凤林在航天领域取得了显著的业绩。他焊接的长三甲系列运载火箭、长征五号运载火箭的"心脏"——氢氧发动机喷管，成就了中国航天的辉煌。

图 4-3　高凤林

在过去的 39 年里，高凤林为 90 多次火箭的发射焊接了"心脏"，占据我国火箭发射总数近四成，攻克了 200 多项航天焊接难关，是我国焊接领域的领军人物。

在焊接技术的世界里，高凤林是一个不折不扣的大师。他的焊接技艺达到了出神入化的境地，每一次焊接都仿佛在创作一件艺术品。无论是航天设备的关键部位，还是石油化工设备的复杂管道，他都能以精湛的技艺完美地完成任务。他对待工作的严谨和专注，使得每一个经过他手的焊接都如同经过千锤百炼的瑰宝，坚固而美丽。然而，高凤林的成就并不仅仅局限于个人的技艺。他深知，作为一名电焊工，自己肩负着国家和社会的重任。于是，他将自己的专业技能毫无保留地奉献给了国家的建设。在各种重大工程中，高凤林和他的团队一次又一次地克服重重困难，确保了工程的质量和进度。他的付出和努力，为国家的发展和社会的进步作出了不可磨灭的贡献。

高凤林不仅在技术领域表现出色，还是组织内团支部、党支部等工作的积极分子，曾担任过团支部书记、党支部青年委员、组织委员、工会分会主席等职务，并以自己的实际行动引领和影响着青年团员和广大职工。他弘扬工匠精神，主张时刻保持向上的心态和归零的心态。他深信只有将知识和实践相结合，才能发挥出强大的力量。他始终保持向上的心态和归零的心态，注重长期积累，不断向更高的目标进发。

高凤林的奋斗精神、工匠精神为我们塑造了一个崇高的楷模。他的故事不仅是中国航天科技的骄傲，更是中国工匠精神的生动写照。他的不懈追求、对事业的热爱以及对团队的奉献，都值得我们敬佩和学习。他的事迹将激励着新一代青年，为中国航天事业的腾飞贡献自己的力量。

第 5 章
焊条电弧焊

 学习目标 ▶▶ ▶

掌握焊条电弧焊的定义及焊接过程，了解焊条的作用，学习各种参数对焊接质量的影响，了解常见焊接方法的工艺特点。

学习任务 ▶▶ ▶

通过本章的学习，读者需要掌握以下的知识：

(1) 焊条电弧焊的定义；

(2) 焊条电弧焊的焊接过程。

焊条电弧焊通常又称为手工电弧焊，利用电弧产生的高温、高热量进行焊接，是应用最普遍的熔焊技术。焊条电弧焊具有设备简单、操作灵活方便、能进行全位置焊接和适合焊接多种材料等优点，所以应用非常广泛。

5.1 焊接电弧

电弧是指两电极之间强烈而持久的气体放电现象。在高压作用下，两电极之间，特别是在两电极距离最小处的电场强度很大，可以使该处空气电离而形成带电的粒子，发生气体导电，并伴随产生光和热。

一般使用焊机进行焊条电弧焊，焊条焊芯是一个电极，焊件是另一个电极，分别与焊接电源相连接，两个电极（焊条焊芯和焊件）之间具有一定的电压。在一定条件下，焊条与焊件之间的气体会发生电离而形成带电粒子。

焊接电弧的特点是低电压、大电流，产生的热量高，足以熔化金属材料，因此，被作为焊接热源而得到广泛的应用。

使用直流焊机焊接时，两极的温度不同，存在正接和反接的问题。此时的焊接电弧由阴极区、弧柱区和阳极区所组成，如图 5-1 所示。如果两极的材料均为低碳钢，则阴极区的温度约为 2 400 K，阳极区的温度约为 2 600 K，阳极区的温度高于阴极区。焊接厚焊件时，为保证温度可以烧透焊件，将焊件接焊机正极，焊条接焊机负极，称为正接法；焊接薄焊件时，为防止烧穿焊件，将焊件接焊机负极，焊条接焊机正极，称为反接法，如图 5-2 所示。使用交流焊机焊接时，因为电流的极性是交变的，两极的温度基本相同，故不存在正接和反接的问题。

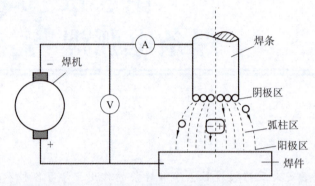

图 5-1 焊接电弧的组成

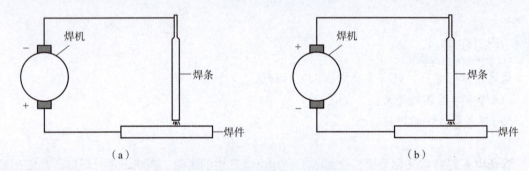

图 5-2 直流电弧焊的接线方法
(a)正接法；(b)反接法

5.2 焊接过程

焊接时，焊条与焊件之间具有电压，当焊条与焊件接触时，相当于电弧焊电源短接，由于焊条端部和焊件表面不平整，在某些接触点处通过的电流密度会显著增加，这些接触点处的金属由于短路迅速熔化，甚至部分发生蒸发、汽化，然后产生强烈的电子发射和气体电离。当焊条离开焊件并且保持较小距离时，电弧便在两极间连续燃烧起来。电弧热量使焊件和焊条发生熔化形成熔池。电弧与焊接区药皮分解产生的气体(CO_2、CO 和 H_2 等)及药皮熔化产生熔渣起到保护熔化金属的作用。当电弧连续向焊接方向移动时，焊件和焊条不断熔化汇成新的熔池，原来的熔池则不断冷却凝固，形成连接焊件的焊缝，液态熔渣也冷却下来形成固态渣壳，覆盖在焊缝金属的表面，焊条电弧焊的焊接过程如图 5-3 所示。

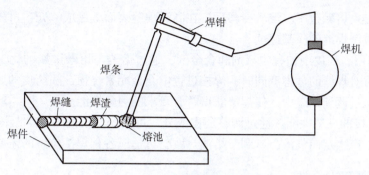

图 5-3　焊条电弧焊的焊接过程

5.3　焊条

5.3.1　焊条的组成

焊条是进行焊接时熔化填充在焊件处的焊接材料，由焊芯和药皮组成，如图 5-4 所示。

图 5-4　焊条的组成

焊芯是一根位于焊条中间且具有一定直径的金属丝，在焊接时作为电极传导电流产生电弧，将电能转化为热能，将自身熔化成为填充焊缝的金属材料，其化学成分和非金属夹杂物的多少将直接影响焊缝的质量。例如，当含碳量增加时，焊缝的强度、硬度明显提高，而塑性会降低。在焊接过程中，碳起到一定的脱氧作用，在电弧高温作用下产生 CO、CO_2 等气体，将熔融金属与周围空气隔绝，防止空气中的氧、氮等元素对其产生不良影响，减少焊缝金属中氧、氮的含量。

焊条的焊芯直径有不同规格，结构钢用焊条的焊芯直径有 1.6、2.0、2.5、3.2、4.0、5.0、6.0、8.0 mm 等，不锈钢用焊条的直径有 1.6、2.0、2.5、3.2、4.0、5.0、6.0 mm 等。通常焊芯直径越大，焊芯长度越长，这是因为电流通过焊芯产生的电阻热与焊芯直径成反比，即焊芯直径越大，电阻热越小。因此，可以适当增加焊芯长度。

药皮为覆涂在焊芯表面的涂料层，其组成物有矿物类（如大理石、金红石等）、铁合金和金属粉类、有机物类（如木粉、淀粉等）、增塑剂（如钛白粉、滑石粉等）、黏结剂（如水玻璃等）。由于焊芯中不含某些必要的合金元素，且焊接过程中要补充焊芯烧损（氧化和氮化）的合金元素，所以焊缝具有的合金成分均需通过药皮添加。药皮对焊缝性质起着决定性的作用，其在焊接过程中的作用如下。

（1）稳弧作用。药皮中含有稳弧物质，可保证电弧容易引燃及保持电弧的稳定燃烧。

（2）保护作用。药皮中含有一些遇热分解产生气体的物质，如碳酸盐和有机物，熔化以后会生成大量的气体和熔渣笼罩着电弧区和熔池，基本上能把熔融金属与空气隔开，防止空气中的氧、氮侵入熔融金属。熔渣冷却后，在高温焊缝表面上形成渣壳，可防止焊缝表面金属不被氧化并减缓焊缝的冷却速度。

（3）冶金作用。药皮中加有脱氧剂和合金剂，通过熔渣与熔融金属的化学反应，可减少氧、硫有害物质对焊缝的危害。同时，焊接过程中合金元素烧损，随药皮的熔化，合金剂可补充合金元素而过渡到焊缝中，使焊缝获得符合要求的力学性能。

（4）改善焊接的工艺性能，通过调整药皮成分，可改变药皮的熔点和凝固温度，使焊条末端形成套筒，产生定向气流，有利于熔滴过渡，可适应各种焊接位置的需要。

5.3.2　焊条的分类

焊条按照用途不同可分为：碳钢焊条、低合金钢焊条、钼和铬钼耐热钢焊条、低温钢焊条、不锈钢焊条、堆焊焊条、铸铁焊条、镍及镍合金焊条、铜及铜合金焊条、铝及铝合金焊条和特殊用途焊条等。

焊条按照熔渣的化学性质不同可分为酸性焊条和碱性焊条。

酸性焊条的熔渣是酸性的，药皮涂层中含有大量的酸性氧化物，如 SiO_2、TiO_2 等。E4303 焊条就是典型的酸性焊条。在使用酸性焊条进行焊接时，会发生"碳-氧反应"，产生大量 CO 气体，导致熔池沸腾，有利于气体逸出，这样焊缝中就不易形成孔隙。此外，酸性焊条的药皮中有较多电弧稳定剂，电弧燃烧稳定，交流电源和直流电源均可使用，工艺性能良好。然而，酸性涂层中有大量的含氢物质，这增加了焊接金属的氢含量，并提高了焊接接头中出现裂纹的可能性。

碱性焊条的熔渣是碱性的，药皮涂层中含有大量的碱性氧化物，主要由 $CaCO_3$ 和 CaF_2 组成。E5015 就是一种典型的碱性焊条。药皮中的 $CaCO_3$ 在焊接过程中分解成 CaO 和 CO_2，可以形成良好的气体保护和熔渣保护；药皮中的 CaF_2 等脱氢物质降低了焊缝中的氢含量，减少了产生裂纹的倾向。然而，碱性涂层中的电弧稳定剂较少，CaF_2 具有阻碍气体电离的作用，因此焊条的工艺性能较差。碱性焊条的氢氧化性能低，焊接过程中没有明显的"碳-氧反应"。它们对水、油和铁锈高度敏感，并且容易在焊缝中产生孔隙。因此，在使用碱性焊条时，一般要求使用直流反接，并严格清洁焊接表面。此外，焊接过程中产生大量有毒烟尘，使用时应注意通风良好。

5.3.3　焊条型号和牌号

焊条通常用型号和牌号来反映其主要性能特点及类别。焊条型号是国家标准规定的，其可以反映焊条主要特性，如焊条类别、焊条特点、药皮类型、适用焊接电源等。焊条牌号是生产厂家制订的，是根据焊条的主要用途及性能特点，对焊条产品的具体命名。我国焊条行业采用统一牌号：属于同一药皮类型、符合相同焊条型号、性能相似的产品统一命名为一个牌号，如 J422、J507。同一型号焊条存在很多不同的牌号。

5.3.4　常用焊机

焊机按产生的电流不同，可分为交流和直流焊机两大类。交流焊机有弧焊变压器；直流焊机有弧焊整流器、弧焊发电机和弧焊逆变器。

（1）弧焊变压器：具有下降外特性的降压变压器，获得下降外特性的方法是在焊接网络中串联—可调电感，此电感可以是一个独立的电抗器，也可以利用弧焊变压器本身的漏磁来代替。

（2）弧焊整流器：将交流电经变压、整流转换成直流电的焊接电源。采用硅整流器作整流元件的称为硅整流焊机，采用晶闸管（可控硅）的称为晶闸管整流弧焊机。

（3）弧焊发电机：柴油（汽油）机和特种直流发电机的组合体，用以产生适用于焊条电弧焊的直流电，多用于野外没有电源的地方进行焊接施工。

（4）弧焊逆变器：一种新型、高效、节能的直流焊机，具有极高的综合指标。它作为直流焊机的更新换代产品受到重视。

5.4　电源外特性曲线

表示电源端电压与输出电流之间关系的曲线，称为电源的外特性曲线，如图 5-5 所示。焊条电弧焊焊接时采用具有陡降外特性曲线的电源。焊工通过手的抖动，引起弧长变化，焊接电流也随之变化。当采用具有陡降外特性曲线的电源时，同样的弧长变化，它所引起的焊接电流变化比缓慢外特性曲线电源或水平外特性曲线电源要小得多，有利于保持焊接电流的稳定，从而使焊接过程稳定。

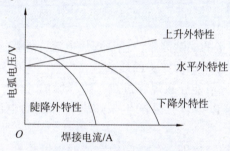

图 5-5　电源的外特性曲线

5.5　焊接接头形式

焊接接头是指两个或两个以上焊件通过焊接连接的接点。常用焊接接头的形式主要有对接接头、T 形接头、角接接头、搭接接头 4 种。如图 5-6 所示。

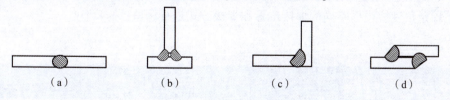

图 5-6　常用焊接接头形式
（a）对接接头；（b）T 形接头；（c）角接接头；（d）搭接接头

5.6　焊接位置

熔焊时，焊缝所处的空间位置称为焊接位置，可分为平焊、立焊、横焊和仰焊，如图5-7所示。焊件尽量保证放在平焊位置施焊，因为平焊位置更便于操作，生产效率高，焊接的质量更加容易保证。

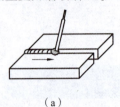 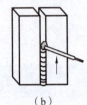  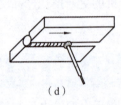

（a）　　　　　　（b）　　　　　　（c）　　　　　　（d）

图5-7　焊接位置
（a）平焊位置；（b）立焊位置；（c）横焊位置；（d）仰焊位置

5.7　焊接参数

焊接参数是影响焊接质量的关键因素，包括焊接电流、焊接速度、电弧长度、焊条角度等。这些参数的调整会直接影响焊接接头的质量。

（1）焊接电流。电流过大可能导致焊缝过热，稀释保护气体，形成气孔和裂纹；电流过小则可能导致焊缝过窄，难以熔合，易产生未熔合。合适的电流可通过试焊或经验调整得到。

（2）焊接速度。所谓焊接速度即单位时间内完成的焊缝长度。焊接速度会影响熔融金属的流动性，过快可能导致焊缝成分不均，过慢则可能导致焊缝过热。一般来说，较慢的焊接速度有助于获得更好的焊缝成型。但是焊接速度太慢，会造成生产效率低，焊件较薄时易烧穿。

（3）电弧长度。电弧长度是影响热量输入的重要因素。电弧太长可能导致电弧不稳定，熔深减小，熔宽加大，容易产生缺陷；电弧太短则可能导致受热面积不足，焊道狭窄，影响焊缝成型。一般来说，应采用短弧焊接，电弧长度最好不超过焊条直径。

（4）焊条角度。合适的焊条角度有助于使熔敷金属顺利流入焊缝，形成良好的焊缝成型。调整焊条角度应根据不同的焊接位置和焊接方式进行调整。

5.8　焊接缺陷

焊接过程中可能会出现各种缺陷，如咬边、未焊透、未熔合、夹渣、气孔、裂纹、烧穿等，如图5-8所示。这些缺陷可能会影响焊件结构的强度、耐久性和安全性。

（1）咬边是指沿焊趾的母材部位产生的沟槽或凹陷，如图5-8（a）所示。在咬边处造成了应力集中，同时减小了母材金属的工作截面。产生咬边的原因：焊接参数选择不合适，如电流过大、焊条角度不正确；焊工操作时，电弧过长，电弧在焊缝边缘停留时间短，熔化金属不能及时填补熔化金属缺口；焊接位置选择不佳；焊条摆动不正确；等等。此外，使用直流焊机进行焊接时，焊件接线回路的位置选择不当产生磁偏吹，也会使焊接电弧偏离焊道而产生咬边。

（2）未焊透是指在熔焊时，接头根部未完全熔透的现象，如图 5-8（b）所示。未焊透减小了焊缝的有效截面；在根部尖角处产生应力集中，容易引起裂纹，导致结构破坏。产生未焊透的原因：坡口角度小，焊件装配间隙小，钝边太大；焊接电流小，焊接速度太快，母材金属未充分熔化；焊条偏离焊道中心或焊条角度不正确；等等。

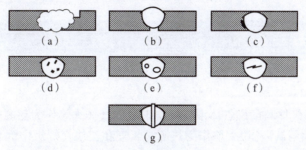

图 5-8　焊接接头缺陷
（a）咬边；（b）未焊透；（c）未熔合；（d）夹渣；（e）气孔；（f）裂纹；（g）烧穿

（3）未熔合是焊缝金属与母材金属之间或焊道之间相互未完全熔合而形成的空隙型缺陷，如图 5-8（c）所示。其按形成部位不同可分为侧壁未熔合、层间未熔合和焊缝根部未熔合。产生未熔合的原因：电流偏低、焊接时间短、坡口边缘锈蚀、杂志污染严重等。

（4）夹渣是残留在焊道之间或焊缝与坡口侧壁之间的熔渣，如图 5-8（d）所示。其形状可以是线状、块状和点状。产生夹渣的原因：焊道层间清渣不彻底，特别是当坡口侧壁咬边较深时，熔渣会嵌入咬边深处，更不易被清除，次层焊道焊接时未被重熔而残留在焊缝中；焊缝坡口角度太小；坡口宽度太窄；焊道成型不良；等等。

（5）气孔是在焊接过程中，溶入熔池金属中的气体在熔敷金属冷却以前未能来得及逸出，而在焊缝金属中（内部或表面）所形成的孔穴，如图 5-8（e）所示。焊缝内部存在的近似于球形或筒形的孔穴称为内部气孔。焊缝表面存在的近似于球形或筒形的开口孔穴称为表面气孔。气孔减少了焊缝的工作截面，穿越性气孔或气孔与其他缺陷的叠加造成贯穿性缺陷，会破坏焊缝的致密性，连续气孔则是导致结构破坏的原因之一。气孔产生的原因：施焊前，坡口两侧有油污、铁锈等杂质的存在；焊条或焊剂受潮，施焊前未烘干焊条或焊剂；焊条芯生锈，保护气体介质不纯；在焊接电弧高温作用下，分解出大量的气体，溶入焊接熔池形成气孔；电弧长度过长，使部分空气深入焊接熔池形成气孔；等等。

（6）裂纹是在焊接应力及其他致脆因素共同作用下，金属材料原子间结合遭到破坏，形成新界面而产生的缝隙，如图 5-8（f）所示。它具有尖锐的缺口和长宽比非常大的特征。焊缝金属在承受交变载荷或冲击载荷时，裂纹端部尖锐形状易产生应力集中，使裂纹延展、扩大，直至焊接结构发生破坏；焊缝金属承受拉伸载荷时，裂纹缺陷会大大降低焊缝金属的承载能力。

（7）烧穿是在焊接过程中，熔化金属从坡口的背面流出，形成穿孔的缺陷，如图 5-8

（g）所示。烧穿影响焊缝表面的质量，焊缝金属组织物易过烧。产生烧穿的原因：焊接电流过大；焊件对接间隙太大或者焊接速度过慢；电弧在焊缝处停留时间太长等。烧穿容易发生在打底焊道、薄板对接焊缝或管子对接焊缝中。

为防止焊接缺陷发生，焊工需要严格执行焊接工艺规程，确定合适的参数，选择合适的焊条，保持电弧稳定，控制熔池温度，及时清理每道焊缝表面和坡口侧壁面的熔渣。

焊接缺陷虽然难以完全避免，但通过合理的预防策略和管理措施，可以大大减少焊接缺陷的发生，提高产品的质量和安全性。在生产过程中，应定期进行焊接质量检查，及时发现并修复缺陷，确保生产过程的安全和稳定。

5.9　其他焊接技术

5.9.1　气焊

气焊是利用可燃气体与助燃气体混合燃烧形成的气体火焰作为热源的焊接技术，过程如图 5-9 所示。气焊常用氧-乙炔火焰作为热源，氧气和乙炔在焊炬中混合，点燃后加热焊条和焊件。气焊一般选用焊芯和母材金属相近的焊条。气焊由于设备简单，操作方便，适应性强，一般在无电源的野外施工中应用较多，但生产效率较低，较难实现自动化，实际应用目前逐渐减少。

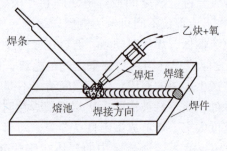

图 5-9　气焊过程

5.9.2　埋弧焊

埋弧焊是一种电弧在焊剂层下燃烧的焊接技术。焊接电源的两极分别与导电嘴和焊件相连，焊丝与导电嘴接触，形成"电源极—电缆—导电嘴—焊丝—电弧—焊件—电缆—电源极"的回路。在焊接过程中，粒状焊剂经软管通过漏斗均匀地堆撒在焊件的焊接区域。焊丝通过焊丝进给盘、焊丝进给机构和导电嘴送到焊接处，电弧在焊剂下方的焊丝和焊件之间燃烧。电弧产生的热量使焊丝、焊剂蒸气、金属蒸气和焊接过程中产生的气体在电弧周围形成空腔，熔化的焊剂在空腔外形成熔渣膜。这层薄膜将空气与内部熔池金属、电弧和气体隔离，可以保护金属免受空气氧化。同时，薄膜中的电弧可以与熔池金属发生冶金反应，在一定程度上调节焊缝金属的成分。薄膜的下部是熔池，上部是由焊丝熔化形成的液滴，连续地向熔池过渡。当电弧向前移动时，熔池中的金属冷却，形成焊缝。浮渣也凝固并覆盖焊缝金属表面，形成渣壳，继续保护高温固态焊缝。

现代最常用的方法是埋弧自动焊。在埋弧自动焊过程中，引燃电弧、送丝、沿焊接方向移动电弧和收弧的过程完全由机械自动完成。埋弧自动焊具有焊接质量稳定、焊接生产效率高、无弧光、烟尘少的优点。埋弧焊熔深大、生产效率高、机械操作程度高，适用于中厚板结构中的长焊缝焊接，广泛应用于造船、锅炉和压力容器、桥梁、超重机械、核电站结构、海洋结构、武器等领域，是当今焊接生产中最常用的焊接技术之一。埋弧焊除了用于连接金属结构中的部件，还可以在母材金属表面焊覆耐磨或耐腐蚀的合金层。随着焊接冶金技术和焊接材料生产技术的发展，可以通过埋弧焊焊接的材料已经从碳素结构钢演变为低合金结构钢、不锈钢、耐热钢和一些有色金属，如镍基合金、钛合金、铜合金等。然而，埋弧焊只能用于平焊，不适用于薄板和小电流焊接。

5.9.3　CO_2 保护焊

CO_2 保护焊是利用 CO_2 作为保护气体的焊接技术，是用焊丝作为电极并兼作填充金属，靠焊丝和焊件间产生的电弧熔化焊丝和焊件，以自动或半自动方式进行焊接。CO_2 保护焊的优点：成本较低，焊缝质量好，熔透能力强，熔覆速度快，生产效率高。缺点：在焊接过程中由于 CO_2 的物理和化学性质造成飞溅比较大，焊缝成型较差。

5.9.4　氩弧焊

氩弧焊是指用氩气作为保护气体的焊接技术，最常见的为选用金属钨或者钨的合金作为电极材料的钨极氩弧焊，如图 5-10 所示。钨极氩弧焊使用熔点极高的钨极作为电极。这样加热到高温时，钨极不会熔化，称为非熔化极，这不意味着它永不熔化，只是在焊接时不易熔化而进入焊缝。其他电极熔化后形成熔池的焊接技术，称为熔化极焊接技术。钨极放在钨极夹中，钨极夹外面是钨极夹罩，可以通过松开端盖来调整钨极长短。大多数的金属采用直流电源焊接。直流氩弧焊一般采用正接法，钨极是负极，母材金属是正极。钨极电弧焊的优点：氩气具有极好的保护作用，能有效隔绝周围空气；钨极电弧非常稳定，即使在小电流下仍可稳定燃烧，特别适用于薄板材料焊接；填充焊丝不通过电流，故不产生飞溅，焊缝成型美观。缺点：氩气较贵，生产成本高；钨极承载电流能力比较差，遇到过大的电流会发生熔化和蒸发，其微粒有可能进入熔池而引起夹钨；熔敷速度慢、熔深浅、生产效率低。

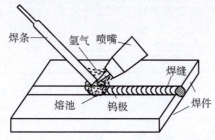

图 5-10　钨极氩弧焊过程

5.9.5　电阻焊

电阻焊是将焊件组合后通过电极施加压力，利用电流通过接头的接触面及邻近区域产生的电阻热，使焊件受热变成塑性状态或局部熔化状态，再在压力作用下形成牢固接头的焊接技术。目前常用的电阻焊技术主要是点焊、对焊和缝焊。

（1）点焊。点焊是焊件装配成搭接或对接接头，并压紧在两电极之间，利用电阻热熔化母材金属以形成焊点的电阻焊技术。焊接前先将表面清理好的两焊件预压紧，接通电流后由于两焊件接触处存在电阻而产生大量的电阻热，焊接区温度迅速升高，接触处金属开始局部熔化，形成液态熔核。断电后继续保持或加大压力，使熔核在压力作用下凝固结晶，形成组织致密的焊点。

（2）对焊。对焊是将焊件装配成对接的接头，使其端面紧密接触，利用电阻热加热至塑性状态，然后迅速施加顶锻力完成焊接电阻焊技术。

（3）缝焊。缝焊是将焊件装配成搭接或对接接头，并置于两滚轮电极之间，滚轮加压焊件并转动，通过连续或断续送电而形成一条连续焊缝的电阻焊技术。

5.9.6 钎焊

钎焊是采用比焊件熔点低的金属材料作为钎料，将焊件和钎料加热到高于钎料熔点，低于焊件熔点的温度，利用液态钎料润湿母材金属，填充接头间隙并与母材金属相互扩散实现连接的焊接技术。钎焊的加热方法有烙铁、火焰、电阻、感应、盐浴加热等。

钎焊与熔焊相比，加热温度低；焊件接头的金属组织和性能变化小，焊接变形较小，焊件尺寸容易保证；可焊接同种金属，也适用于焊接性能差异很大的异种金属和厚薄悬殊的焊件；生产效率高。钎焊主要用于精密仪表和异种金属的焊接。

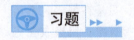

1. 请简述焊接过程。

2. 焊条由哪些部分组成？各组成部分有什么作用？

3. 简述各焊接参数对焊接过程的影响。

4. 怎样避免焊接缺陷？

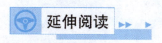

张冬伟：用焊枪书写荣耀

液化天然气（Liquefied Natural Gas，LNG）船是一种"海上超级冷冻车"（其内胆装的是−163℃的 LNG），用于在海面上运输 LNG，是国际上公认的高技术、高难度、高附加值的"三高"船舶，被誉为"造船工业皇冠上的明珠"，其建造技术只有少数几个国家掌握，我国从 2004 年 12 月首次承接建造 LNG 船，2008 年成功交付中国第一艘大型 LNG 船——大鹏昊。

张冬伟是沪东中华造船（集团）有限公司的高级技师，因过人的焊接技术，屡次在重量级大赛中获得名次，2004 年被选拔为国内首批建造 LNG 船的 16 名殷瓦钢焊接技师之一。

张冬伟说："在刚建造 LNG 船的时候，基本上用的都是进口的自动焊机，随着接船量越来越多，自动焊机的国产率也越来越高了，像 96 型的自动焊机，基本上已经全面国产化了。"实际上，96 型自动焊机的线型运动焊接还是需要由人工来完成。后来，张冬伟参与的沪东中华焊接团队，成功研发出我国首台 Mark3 型等离子弧自动焊机，用来实现波浪形钢板的自动焊接。

2020 年 9 月，为法国达飞海运集团建造的全球首艘 2.3 万箱双燃料动力集装箱船在沪东中华造船基地交付，这条集装箱船打破了国外船企长期的技术垄断，标志着我国高端海洋装备制造实现从跟跑到领跑的重大飞跃，也是实施海洋强国战略的重大战略成果，而这艘海上"巨无霸"的薄膜式燃料舱就是运用 Mark3 型等离子弧自动焊机焊接的。

2022 年 8 月，由我国自主研发设计、代表当今世界大型 LNG 船领域最高技术水平的第五代"长恒系列"LNG 运输船由设计蓝图"驶向"实船建造。面对能源危机的日益严峻，国际市场对于 LNG 运输船的需求急剧上升，相信中国的 LNG 船凭借过硬的技术水平，在全球市场上将会吸引越来越多的目光。

第6章
焊接实训

 学习目标 ▶▶ ▶

了解焊接工具的使用方法，学习焊接的操作方法，掌握焊接的安全生产要求。

学习任务 ▶▶ ▶

通过本章的学习，读者需要掌握以下的知识：
(1) 焊接工具的使用方法；
(2) 焊接的安全生产要求；
(3) 焊机连接、引弧、运条、收弧的操作方法。

6.1 认识常用焊接工具

1. 焊钳

焊钳的作用是夹持焊条，并在焊接时传导焊接电流。常用的焊钳型号有 160A、300A [图 6-1(a)] 和 500A。

2. 焊接面罩及护目镜

焊接面罩是一种用来防止焊接飞溅、弧光及其他辐射对焊工面部及颈部造成损伤的遮盖工具，常用的有手持式面罩和头盔式面罩，分别如图 6-1(b)、(c) 所示。焊接面罩上观察窗处装有护目镜。护目镜亮度色号可根据所使用的焊接电流大小选择，一般不宜太亮，以能清楚分辨熔池的铁水和熔渣为宜。色号越大，表示护目镜颜色越深。选择小号的滤光片，会更方便观察焊接过程中的细节，但紫外线、红外线防护效果不好，会伤害焊工眼睛。如果选择大号的滤光片，对紫外线与红外线防护效果较好，但是会影响观察熔池中的熔渣和铁液及母材金属熔化情况，这样，使焊工不由自主地向焊接熔池靠近，从而吸入较多的烟尘和有毒气体，眼睛也会因过度集中精神看熔池而导致视神经容易疲劳。

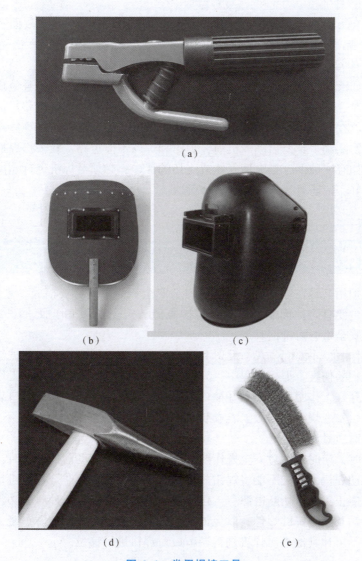

图 6-1　常用焊接工具

(a)300A 焊钳；(b)手持式面罩；(c)头盔式面罩；(d)尖头锤；(e)钢丝刷

3. 辅助工具

辅助工具包括用于盛放焊条的焊条箱，用于清除焊渣的尖头锤[图 6-1(d)]以及用于除锈的钢丝刷[图 6-1(e)]。

6.2　准备工作

在进行焊接工作前，首先需要检查工作区域，保证没有杂物和易燃物，并保持良好的通风条件。然后检查焊接设备，确保可以正常工作，电压表和电流表正常显示，且焊机接地正常；焊钳与电缆连接必须牢靠，接触良好，不得外露铜导线，以防触电，裸露带电部分应有安全防护罩；焊机接地回线应采用焊接电缆线，且接地回线应尽量短，软线绝缘良好，焊钳绝缘部分应完好；焊机的电源线必须有足够的导电截面和良好的绝缘，电源线不宜超过 3 m，如需较长，则架高 2.5 m 以上，并有明显标识；铁壳开关的外壳和焊机的接地线要连接牢固。

准备焊件，如清洁焊件表面，去除油污、氧化物和脏物等，以尽量避免缺陷，确保焊接接头的质量。同时，对焊件进行定位和固定，以保证焊接位置的准确性和稳定性。

焊机应平稳放在通风良好、干燥的地方，禁止靠近高热及易燃易爆等危险的环境。禁止在焊机上放任何物品和工具，启动焊机前，焊钳和焊件不能短路。在清扫焊机时，必须停电进行，焊接现场如有腐蚀性、导电性气体或飞扬的浮尘，必须对焊机进行隔离防护。焊接场地应保证通风良好，以防有害气体影响人体健康。

6.3 焊接安全生产要求

佩戴个人防护用品是在焊接过程中保护焊工安全和健康的必要措施。进行焊接作业时，防护用品较多，主要有防护面罩、头盔、防护眼镜、安全帽、工作服、耳罩、手套、绝缘鞋、防尘口罩、安全带、防毒面具等。

焊工用的工作服，主要起隔热、反射和吸收弧光反射等屏蔽作用，保护焊工身体免受焊接热辐射和飞溅物的伤害。焊接过程中，为了防止高温飞溅物烫伤焊工，工作服上衣不应该系在裤子里面；穿好工作服后，要系好袖口和衣领上的衣扣，上衣不要有口袋，以免高温飞溅物掉进口袋中引发燃烧；工作服上衣衣长要过腰部，不应有破损孔洞、不允许沾有油脂，不允许潮湿，同时质量应较小。

焊工在焊接时，应时刻注意安全操作要求。在操作带有启动器的焊机时，必须先合上电源开关，然后启动焊机。切记不能将焊钳放在工作台上，以免短路烧坏焊机。发现焊机出现异常时，应立即停止工作，切断电源。工作完毕或临时离开工作场地时，必须及时切断焊机电源。不能用手触及刚焊好的焊件，以免烫伤。清理焊渣时，需佩戴防护镜，防止焊渣飞入眼中。在作业时不可让其他人对焊机进行调节或对焊机进行移位。

6.4 打磨吸尘工作台的操作规程

打磨吸尘工作台的操作规程如下。

(1) 开机前，检查电源是否安全。

(2) 将脉冲反吹气源管连接好，检查气源是否正常。

(3) 启动电源，查看风机是否旋转正确，如果风机反转，请关闭电源，更换接线方式，重新启动。

(4) 正常启动运转后，即可工作。

(5) 定时清理粉尘，1~5 d 清理一次。

(6) 作业完毕后，应关闭开关，切断电源。

6.5　认识焊机

本实训采用沪工之星 ZX7(K)系列产品，ZX7(K)具有便携式箱体结构(图 6-2)：前面板上半部分装有数字式电流显示表、电源指示灯、热保护指示灯、热引弧调节旋钮、推力调节旋钮、焊接电流调节旋钮；前面板下半部分装有电流输出"+"极快速插座、电流输出"-"极快速插座；后面板装有电源输入引线、电源通断开关、焊机铭牌、冷却风机；顶部装有可搬运的提手；打开机壳可见机体的上层安装板上装有两块印制电路板，上层安装板下面装有晶体管散热器，底板上装有快恢复二极管散热器、中频变压器等。

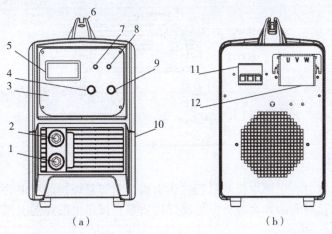

（a）　　　　　　　　　　（b）

1—"-"极快速插座；2—"+"极快速插座；3—上前板；4—焊接电流旋钮；
5—数显表；6—提手；7—电源指示灯；8—过热指示灯；9—推力旋钮；
10—塑料面板；11—电源通断开关；12—电源线接线盒。

图 6-2　ZX7(K)焊机前、后面板
（a）前面板；（b）后面板

6.6　焊接操作

6.6.1　焊机的连接

ZX7(K)焊机的连接如图 6-3 所示，焊钳夹持焊条，接地夹夹持焊件。将接有焊钳的焊接电缆的快速插头插入焊机前面板下方的电流输出"+"极快速插座内，并顺时针旋转至拧紧；将接有接地夹的接地电缆的快速插头插入焊机前面板下方的电流输出"-"极快速插座内，并顺时针旋转至拧紧，输出接线如图 6-4 所示。接地夹接至焊件。不得利用铁板等不良导体进行焊件与焊机之间的连接。之后接通电源开关，调节焊接电流电位器至焊接所需值，拿起焊钳，对准焊缝，将焊条与焊件接触一下，即可引燃电弧进行电弧焊焊接。当焊条烧至离焊钳只有 1~2 cm 时需将其取上，并换上新的焊条，才能继续进行焊接。注意：焊条燃烧是在高温下进行的，更换时不要用手直接接触；焊钳不得夹在焊条的药皮之上。

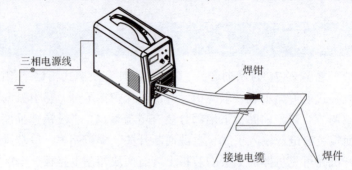

图6-3 ZX7(K)焊机的连接

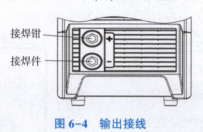

图6-4 输出接线

6.6.2 引弧

进行焊条电弧焊时，引燃电弧的过程称为引弧。引弧是焊接过程中的第一步，正确的引弧操作可以确保焊接过程的顺利进行，提高焊接质量。焊条电弧焊的引弧方法有两种，分别是敲击法和划擦法。

（1）敲击法：焊条电弧焊开始前，先将焊条末端与焊件表面垂直轻轻一碰，然后迅速提起焊条，并保持一定的距离(2~4 mm)，电弧随之引燃。敲击法的优点是不会使焊件表面造成电弧划伤缺陷，又不受焊件表面大小及焊件形状的限制；缺点是引弧成功率低，焊条与焊件往往要碰击几次才能使电弧引燃和稳定燃烧，操作不容易掌握。

（2）划擦法：将焊条末端对准引弧处，然后将手腕扭动一下，像划火柴一样，使焊条在引弧处轻微划擦一下，划动长度一般为20 mm左右，电弧引燃后，立即使弧长保持在2~4 mm。划擦法的优点是电弧容易引燃，操作简单，引弧效率高；缺点是容易损伤焊件表面，有电弧划伤的痕迹，在焊接正式产品时应该少用。

引燃电弧时应轻轻刮擦，否则易产生黏焊条现象。

6.6.3 运条

运条由3个基本运动合成，分别是焊条的送进、焊条沿焊缝移动及焊条的横向摆动。

（1）焊条的送进。由于电弧的热量熔化了焊条端部，电弧会逐渐变长，会有熄弧的倾向，因此，要保持电弧继续燃烧，必须将焊条向熔池送进，直至整根焊条焊完为止。为保证一定的电弧长度，焊条的送进速度与焊条的熔化速度相等，否则会引起电弧长度的变化，从而影响焊缝的熔宽和熔深。

（2）焊条沿焊缝移动。焊接过程中，焊条向前移动的速度要适当。若焊接太慢，会焊成宽而局部隆起的焊缝；如果焊接速度太快，会焊成断续细长的焊缝。只有焊接速度适中，才能焊成表面较平整、焊波细致而均匀的焊缝。

（3）焊条的横向摆动。焊条电弧焊过程中，焊条横向摆动的目的是增加焊缝宽度，保证焊缝表面成型，延缓焊缝熔池的凝固时间，有利于气体和夹渣的溢出，使焊缝内部质量提高。正常焊缝的宽度一般不超过焊条直径的 5 倍。焊条的横向摆动和沿焊缝移动这两个动作是紧密相连的，而且变化较多，较难掌握。通过摆动和移动的复合动作获得具有一定宽度、高度和熔透度的焊缝，使得焊缝成型良好。为了获得具有一定宽度的焊缝，焊条在送进和移动过程中，还要做必要的摆动。运条方法如图 6-5 所示。

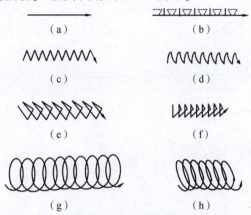

图 6-5　运条方法

（a）直线形；（b）直线往复形；（c）锯齿形；（d）月牙形；（e）斜三角形；
（f）正三角形；（g）正圆圈形；（h）斜圆圈形

6.6.4　收弧

进行焊条电弧焊时，熄灭焊接电弧的过程称为收弧。如果直接拉断电弧，则会形成弧坑。弧坑会减弱焊缝接头的强度和产生应力集中，从而导致弧坑裂纹。因此，焊缝完成时的收弧动作不仅是熄灭电弧，而且要填满弧坑。常用的收弧方法有圆圈收弧法、回焊收弧法和反复断弧收弧法。

（1）圆圈收弧法：焊接电弧移至焊缝终端时，焊条端部做圆圈形运动，直至焊缝弧坑被填满后再断弧。此法适用于厚板的焊接。

（2）回焊收弧法：电弧移至焊缝收尾处稍作停留，且改变焊条角度回焊一段后快速断弧。此法适用于碱性焊条。

（3）反复断弧收弧法：焊条移至焊缝终端时，在弧坑处反复熄弧、引弧数次，直到填满弧坑为止。此法一般适用于薄板焊接和大电流焊接。

6.6.5　清除焊渣

焊接作业结束后，应用专用尖头锤以敲打的方式清除焊缝表面的焊渣。之后使用钢丝刷清理焊缝及其周围区域的焊渣。焊渣清理的质量直接影响焊接接头的力学性能和使用寿命。

清理焊渣后，应对焊缝及其周围区域进行目视检查，确保焊渣清理质量符合要求。如发现不合格，应及时进行返修或重新清理。

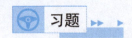 习题 ▶▶ ▶

1. 常用焊接工具有哪些？它们作用分别是什么？

2. 简述焊接的安全生产要求。

3. 简述从焊机连接到焊接结束的整个操作过程。

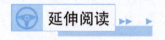 延伸阅读 ▶▶ ▶

李万君：中国高铁的电焊灵魂

在当代中国，李万君这个名字已经成为高超电焊技艺的象征。李万君（图6-6），一位来自吉林的普通电焊工人，凭借着对技术的执着追求和不懈努力，成为中国高铁事业中的杰出代表。

图6-6 李万君

中国高铁作为国家重点发展的战略性产业，已经成为推动经济增长的重要引擎。而李万君正是这一产业背后的关键力量。自2007年起，李万君在一直专注于动车组转向架的焊接工艺。他对转向架环口处的焊接进行了深入探索，经过反复研究，总结出了独特的"环口焊接七步操作法"。这一突破不仅打破了国外技术的封锁，更为中国高铁事业奠定了坚实基础。在2017年，他再接再厉，带领团队攻克了"复兴号"转向架的多项技术难题，助力中国高铁在全球舞台上崭露头角。

在35年的职业生涯中，李万君一直坚守在高铁生产一线。他凭借一把焊枪，总结了30多种转向架焊接操作方法，并取得了150多项技术突破，其中37项荣获国家专利。他的焊接技艺不仅为中国高铁的"中国制造"标签增添了含金量，更为"中国创造"提供了有力的支撑。他的创新成果不仅引领了国内技术的发展，更在国际市场上树立了中国高铁的高品质形象。这为中国经济的全球化布局创造了有利的条件，提升了中国高铁产业的国际竞争力。

同时，李万君的职业素养和责任心也是中国经济持续发展的重要保障。他以严谨、细致的工作态度，确保了我国高铁的安全与质量，为我国高铁产业赢得了国际市场的信任与口碑。这种对品质的坚守，不仅提升了中国高铁的品牌价值，更增强了国内外投资者对中国经济的信心。这种在平凡岗位上不懈努力的精神，推动了中国的经济持续繁荣与发展。李万君所代表的工匠精神激励着中国学子不断学习、进步，进而为中国的未来发展贡献自己的力量，在全球舞台上书写出更加绚丽的篇章！

附录
控制面板说明

南京理工大学实训中心所用数控车床和数控铣床的数控系统均是 FANUC 系统，虽然车床与铣床有区别，但操作面板的功能大同小异，为避免内容重复，这里以数控车床（FANUC 0i-TC/0i-TD）系统为例，进行控制器操作面板说明。

1. FANUC 0i-TC/0i-TD 系统操作面板

FANUC 0i-TC/0i-TD 系统操作面板有 NC 控制面板和主操作面板。NC 控制面板（图 1）的使用方法，可参阅各控制器的操作手册。主操作面板有两种，薄膜式和亚克力式。

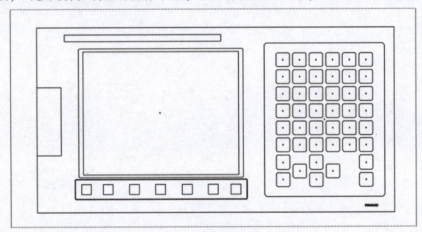

图 1

2. 操作面板各按键说明

1）模式选择

"模式选择"旋钮如图 2 所示。

（1）操作机床时，应先确认操作模式，待操作模式选定后再执行后续动作。

（2）机床的操作模式分为自动与手动两种，均由此旋钮控制。

（3）旋钮的功能包括自动（AUTO）、编辑（EDIT）、手动数据输入（MDI）、联机（TAPE）、手动进给（HANDLE）、慢速进给（JOG）、快速进给（RAPID）、原点复位（HOME）。

（4）选择自动模式时，手动模式功能失效，反之相同。

（5）自动（AUTO）模式：亦称为程序执行模式。

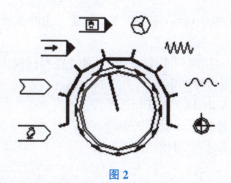

图2

①在本模式下才能执行 CNC 内存里的程序。

②在本模式下的进给速度，请参阅进给调整钮的说明。

（6）程序编辑（EDIT）模式。

①编辑新程序或对原有的程序予以修改或删除。

②本模式仅适用于编辑，不能用于执行。

③如执行编辑的程序，必须再转回自动模式。

④程序编辑完成后，NC 会自动储存，无需再执行储存的动作。

⑤编辑程序前，必须将程序保护钥匙切至"关"的位置。

（7）手动数据输入（MDI）模式。

①在本模式下，可直接输入指令并执行。

②在本模式下，输入单节指令无法存储，即执行完成后，指令在显示单元中消失。

③如在 MDI 模式下，可输入简单程序，并可一次全部执行完毕。

（8）手动进给（HANDLE）模式。

①在本模式下，可用手轮盒上的功能进行各轴移动。

②可由手轮盒上的"轴向选择"旋钮，选定要移动的进给轴。

③移动速率可由手轮盒上的"手动进给速度"旋钮决定。

（9）慢速进给（JOG）模式。

①在本模式下可移动各轴，其移动进给速度以"慢速进给速度调整"旋钮（0~1 260 mm/min）为依据。

②使用本模式时，请选择欲移动的轴向及"慢速进给速度"。

③欲使指定轴进行轴向移动，应持续按住"轴向控制键"（若没持续按住，则指定轴立即停止移动）。

（10）快速进给（RAPID）模式。

①在本模式下可移动各轴，其移动进给速度以"快速进给速度调整"旋钮（0%~100%）为依据。

②使用本模式时，请选择欲移动的轴向及"快速进给速度"。

③欲使指定轴进行轴向移动，应持续按住"轴向控制键"（若没持续按住，则指定轴立即停止移动）。

（11）原点（HOME）模式。

本模式为各轴作机械原点复位时使用，为手动操作。

（12）外部 CNC 联机（TAPE）模式。

①在本模式下，可由外部读入加工程序、NC 参数、诊断参数、刀具数据补正，并存在 NC 内。

②在本模式下，除可由联机将程序读入 NC 之外，还可同时进行加工，直到加工程序输入完毕，NC 也会进行加工至程序结束。

（13）手动进给教导（TEACH IN HANDLE）模式。

①选择本模式，需打开软操作面板开关中的该模式开关，再将模式选择至手动进给，此时即为手动进给教导模式；如不使用教导模式，则只需将软操作面板开关关闭，即恢复为手动进给模式。

②在本模式下，可由手动进给移至加工位置制作程序。

（14）慢速进给教导模式（TEACH IN JOG）。

①选择本模式，需打开软操作面板开关中的该模式开关，再将模式选择切至慢速进给，此时即为慢速进给教导模式；如不使用教导模式，则只需将软操作面板开关关闭，即恢复为慢速进给模式。

②在本模式下，可由慢速进给移至加工位置制作程序。

2）NC 电源开关

NC 电源开关如图 3 所示。

（1）其功能为控制 NC 操作的电源，电气箱主电源开启在 ON 的位置时，此开关才有作用。

（2）打开 NC 电源开关，若主电源接通，则显示单元即显示画面。

（3）关闭 NC 电源开关，显示单元就不显示画面，此时 NC 电源已切断。

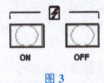

图 3

3）急停

"急停"按钮如图 4 所示。

（1）在紧急情况发生时，按下本按钮可使机器全面停止，输入所有电动机的电流全部中断（但机器不断电）。

（2）现象。

①二轴停止移动。

②主轴停止旋转。

③画面未消失，显示警告信息，警示灯亮。

④刀盘立即停止不再执行换刀动作。

图 4

（3）解除：将按钮顺时针旋转即可解除，但须注意以下条件。

①将紧急现状完全解除后，才能解除按钮。

②停止时，当时的指令与机器状态均已被清除，因此，须以重新开机的步骤再行操作。

③当执行自动换刀的中途，按下此按钮，所有动作将立即停止，因此，刀塔可能未定位或乱刀，应以手动方式将刀盘归位。

4）紧急过行程解除

"紧急过行程解除"键如图 5 所示。

功能：当各轴产生过行程报警时，机器会立刻停止所有动作，解除此状态时，须使用此按键。

图5

5）程序启动及暂停

"程序启动"键如图6（a）所示。

（1）功能：让程序于自动模式下执行。

（2）在自动/MDI/联机模式中有效。

（3）当其他外围条件未准备完成时，此键无效。

（4）本键生效后，内藏式指示灯会亮。

"程序暂停"键如图6（b）所示。

（1）在自动模式下，若于程序执行中按下此键，则程序停止，且各轴停止不动而主轴继续转，欲再执行程序时，按"程序启动"键即可。

（2）在自动/MDI/联机模式中才有效。

（3）本键生效后，内藏式指示灯会亮。

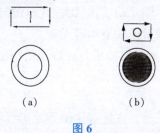

（a）　　　　　　（b）

图6

6）刀塔功能

"刀具选择"旋钮如图7（a）所示。

（1）在手动模式下，按下"选刀启动"键［图7（b）］才会有作用，当刀架转动时，选刀启动的指示灯会亮；当刀架停止转动时，选刀启动的指示灯熄灭。

（2）"刀具选择"旋钮置于欲使用的刀具号码上，再按下"选刀启动"键，则刀具自动旋转至所指定的刀具号码上。

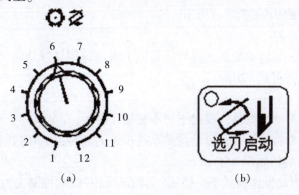

（a）　　　　　　　　　（b）

图7

7）主轴功能

"主轴正转"（主轴逆时针方向旋转）键如图8(a)所示。

（1）在手动进给模式、快速进给模式、慢速进给模式下按本键则主轴正转。

（2）在自动模式下按本键则主轴寸动正转（即按住本键时主轴正转，放开时主轴停止）。

（3）在手动数据输入模式或编辑模式下本键无效。

（4）本键生效时，内藏灯会亮；但如果"主轴停止"键或"主轴反转"键生效，本键即失效。

"主轴停止"键如图8(b)所示。

（1）功能：主轴无论正反转交换或需停止时，都要先按此键主轴才可以停止。

（2）使用条件。

①正常情况下，主轴停止，本键生效。

②本键仅在手动进给模式、快速进给模式、慢速进给模式下有效。

③在自动模式或手动数据输入模式下本键无效。

（3）本键生效时，内藏灯会亮；但如果"主轴正转"键或"主轴反转"键生效，本键即失效。

"主轴反转"（主轴顺时针方向旋转）键如图8(c)所示。

（1）在手动进给模式、快速进给模式、慢速进给模式下按本键则主轴反转。

（2）在自动模式下按本键则主轴寸动反转（即按住本键时主轴反转，放开时主轴停止）。

（3）在手动数据输入模式或编辑模式下本键无效。

（4）本键生效时，内藏灯会亮；但如果"主轴停止"键或"主轴正转"键生效，本键即失效。

"主轴暂停"键如图8(d)所示。

（1）功能：主轴无论正转或反转，按此键主轴都处于暂停状态。

（2）使用条件。

①正常情况下，主轴正转或反转时，按本键生效。

②本按键仅在自动模式、手动数据输入模式下有效。

③在手动进给模式、快速进给模式、慢速进给模式下本键无效。

（3）本键生效时，内藏灯会亮；但如果"主轴正转"键或"主轴反转"键生效，本键即失效。

"主轴转速调整"旋钮如图8(e)所示。

（1）功能。

①当主轴转动时，旋转本旋钮，其转速将以10%的速率递减或递增。

②最低50%，最高可达120%

（2）使用条件。

①在自动模式或手动数据输入模式下，本旋钮才有效。

②攻牙循环时，本旋钮无效，自动按照系统设定的S转速100%执行。

"主轴手动转速"旋钮如图8(f)所示。

（1）本旋钮仅在手动操作模式下，使用"主轴正反转"键时控制主轴正反转有效。

（2）本旋钮顺时针旋转时，主轴速度增加；逆时针旋转时，主轴速度降低。

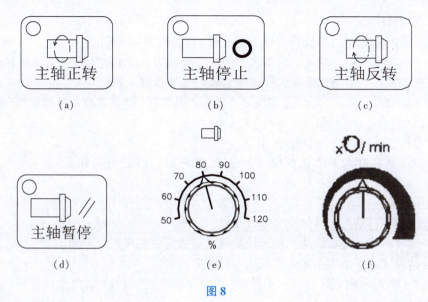

图 8

8）切削液功能

"切削液手动"键如图 9（a）所示。

（1）使用此功能时，切削液立即喷出。

（2）本键功能可由"切削液自动"键关闭。

"切削液自动"键如图 9（b）所示。

（1）使用此功能时，当程序执行 M08/M43/M44 指令时切削液自动喷出，程序执行 M09/M45 指令时切削液停止喷出。

（2）本键功能可由"切削液手动"键关闭。

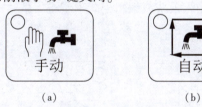

图 9

9）夹头内外夹控制开关

夹头内外夹控制开关如图 10 所示。

（1）本开关为控制夹头内夹或外夹的钥匙开关。

（2）开关切至"内径夹持"时，夹爪向外移动，可夹持工件内径。

（3）开关切至"外径夹持"时，夹爪向内移动，可夹持工件外径。

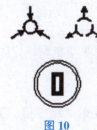

图 10

10）动力刀具功能

"动力刀具正转"（动力刀具顺时针方向旋转）键如图11（a）所示。

（1）在手动进给模式、快速进给模式、慢速进给模式下按本键则动力刀具正转。

（2）在自动模式、手动数据输入模式或编辑模式下本键无效。

（3）本键生效时，内藏灯会亮；但如果"动力刀具停止"键或"动力刀具反转"键生效时，本键即失效。

"动力刀具停止"键如图11（b）所示。

（1）功能：动力刀具无论正反转交换或需停止时，均必须先按此键，动力刀具才可停止。

（2）使用条件。

①正常情况下，动力刀具停止，本键生效。

②本按键仅在手动进给模式、快速进给模式、慢速进给模式下有效。

③在自动模式或手动数据输入模式下本键无效。

（3）本键生效时，内藏灯会亮；但如果"动力刀具正转"键或"动力刀具反转"键生效时，本键即失效。

"动力刀具反转"（动力刀具逆时针方向旋转）键如图11（c）所示。

（1）在手动进给模式、快速进给模式、慢速进给模式下按本键则动力刀具反转。

（2）在自动模式、手动数据输入模式或编辑模式下本键无效。

（3）本键生效时，内藏灯会亮；但如果"动力刀具停止"键或"动力刀具正转"键生效时，本键即失效。

"动力刀具定位"键如图11（d）所示。

（1）在手动进给模式、快速进给模式、慢速进给模式下按本键则动力刀具正转。

（2）在自动模式、手动数据输入模式或编辑模式下本键无效。

（3）本键生效时，内藏灯会亮；但如果"动力刀具停止"键或"动力刀具反转"键生效时，本键即失效。

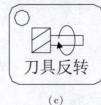

（a）　　　　　　　（b）　　　　　　　（c）　　　　　　　（d）

图11

11）辅助功能

"机械锁定"键如图12（a）所示。

（1）本键功能有效时，无论手动操作或自动操作，二轴都会锁定不动，但屏幕上坐标会变动。

（2）M、S、T、B 指令会继续执行，不受机械锁定限定。

（3）本键功能无效时，二轴不被锁定。

"程序预演"键如图12（b）所示。

（1）本键功能有效时，程序中所设定的 F 指令值（切削进给速度）无效，各轴移动速率依"慢速进给速度"所定的速率运动。

(2)当程序执行"固定循环"时，无法改变"快速进给速度"或"切削进给速度"的大小，仍依照程序中的 F 指令值作固定的进给速度。

"单节跳跃"键如图 12(c)所示。

(1)本键功能有效时，程序执行中若遇单节前有"/"符号，此单节略过不执行。

(2)程序的单节若已执行中，纵有"/"，虽中途使用此功能，但仍会将此单节完成，于下一单节执行时，此功能才会生效。

(3)本键功能无效时，即使程序单节前有"/"符号，此单节也会执行。

"选择停止"键如图 12(d)所示。

(1)本键功能有效时，程序执行中若有 M01 指令，程序将停止于该单节，若欲继续执行程序，按下"程序启动"键即可。

(2)本键功能无效时，即使程序中有 M01 指令，程序也不会停止。

"伺服启动"键[图 12(e)]：CE 规格使用。

"F1"键[图 12(f)]：独立水枪。

"F2"键[图 12(g)]：预留。

"F3"键[图 12(h)]：预留。

"门锁保护"键[图 12(i)]：CE 规格使用。

"工作灯"键如图 12(j)所示。

(1)本键控制机台工作灯亮或灭。

(2)主电源开启后此开关才有效。

"自动断电"键如图 12(k)所示。

(1)按下本键，启动自动断电功能。

(2)本键生效时，内藏灯会亮。

"单节执行"键如图 12(l)所示。

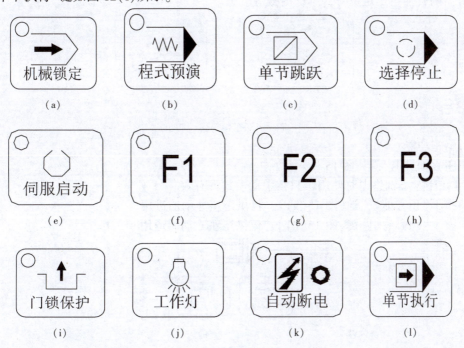

图 12

（1）本键功能有效时，会停止执行程序，仅能以"程序启动"（CYCLE START）键使程序继续执行，且每按一次"程序启动"键仅能执行一个单节程序。

（2）本键功能有效时，执行 G28、G29、G30 指令时，二轴会停于中间点。

例如：在本键功能有效时，执行 G28 X100 指令时，会停在 X100。须再按"程序启动"键使程序继续执行。

（3）本键功能有效，且在固定循环时，刀具会停在图 13 所示的（1）、（2）或（6）途径的终点，并亮起"程序暂停"（FEED HOLD）指示灯。

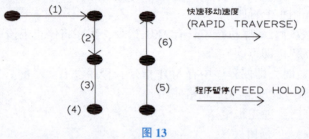

图 13

12）侦测臂功能

"侦测臂上"键如图 14（a）所示。

（1）本键在手动模式下，且 X 轴须在机械原点位置时有效。

（2）欲使侦测臂回位，按下本键，则侦测臂向上收回。

（3）侦测臂回位完成时，本键内藏灯会亮。

"侦测臂下"键如图 14（b）所示。

（1）本键在手动模式下，且 X 轴须在机械原点位置时有效。

（2）欲执行刀具校刀，按下本键，则侦测臂向下伸出。

（3）侦测臂伸出至定位时，本键内藏灯会亮。

（a）　　　　　　（b）

图 14

13）尾座功能

"尾座心轴进退"键如图 15 所示。

本键在尾座心轴进退时使用，只在手动模式下有效。

（1）按下"顶心前进"键［图 15（a）］，仅供尾座寸动前进用。

（2）按下"顶心后退"键［图 15（b）］，仅供尾座寸动后退用。

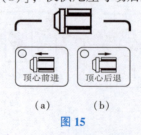

（a）　　　（b）

图 15

"程式尾座"键如图 16 所示。

（1）本键在手动模式下有效。

（2）按下本键，则尾座处于连接状态。

（3）本键生效时，内藏灯会亮。

图 16

14）程序保护功能

程序保护开关如图 17 所示。

（1）将程序保护装置钥匙转至水平方向（OFF），则可进行程序的修改、输入等。

（2）若转在垂直方向（ON），则可保护记忆体中的程序不被更改。

（3）刀号、刀具磨耗及坐标值的数据修正或输入，不受此开关 ON 或 OFF 的控制。

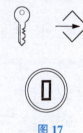

图 17

15）伺服轴控制功能

"快速进给速度"旋钮如图 18（a）所示。

（1）在参数中，设定有快速进给的最快进给速度，以供 G00 指令使用，另设定快速进给的最慢进给速度 0。

（2）在快速进给模式、自动模式或手动数据输入模式下执行 G00 指令时，其进给速度为本旋钮所选择的快速进给速度乘以 G00 指令的进给速度。

例如：原设定 G00 指令的进给速度为 24 000 mm/min，选择在 50%，则表示其进给速度为 12 000 mm/min。

（3）本旋钮有四段快速进给度（100%、50%、25%、0）可供选择。

（4）本旋钮在攻牙作业中无效。

"慢速/切削进给速度"旋钮如图 18（b）所示。

（1）自动模式。

①本旋钮依指示的刻度，决定其进给速度，每次均以 10% 为调整基准量，每次进给速度调整时，X、Z 同时作调整。

②每一刻度上代表原程序设定进给速度（F）的百分比。

③本旋钮在攻牙作业中无效。

④当执行"程序预演"功能时，二轴进给速度可依本旋钮的操作递增或递减。

（2）慢速进给模式。

二轴进给速度由此旋钮进行递增或递减控制。

"轴向控制"键如图18（c）所示。

（1）+X：在慢速进给模式或快速进给模式下，按此键，则 X 轴依"进给速度调整"旋钮选定的速率向"正"方向移动。

（2）－X：在慢速进给模式或快速进给模式下，按此键，则 X 轴依"进给速度调整"旋钮选定的速率向"负"方向移动。

（3）+Z：在慢速进给模式或快速进给模式下，按此键，则 Z 轴依"进给速度调整"旋钮选定的速率向"正"方向移动。

（4）－Z：在慢速进给模式或快速进给模式下，按此键，则 Z 轴依"进给速度调整"旋钮选定的速率向"负"方向移动。

（5）+Y：在慢速进给模式或快速进给模式下，按此键，则 Y 轴依"进给速度调整"旋钮选定的速率向"正"方向移动。

（6）－Y：在慢速进给模式或快速进给模式下，按此键，则 Y 轴依"进给速度调整"旋钮选定的速率向"负"方向移动。

（7）+C：在慢速进给模式或快速进给模式下，按此键，则 C 轴依"进给速度调整"旋钮选定的速率向"正"方向移动。

（8）－C：在慢速进给模式或快速进给模式下，按此键，则 C 轴依"进给速度调整"旋钮选定的速率向"负"方向移动。

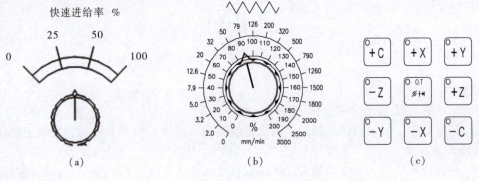

图 18

16）手轮功能

"轴向选择"旋钮如图19（a）所示。

（1）本旋钮位于手轮操作盒上，用来选定进给轴，可与进给倍率×1、×10、×100 互相配合使用。

（2）本旋钮仅可手动操作。

（3）可根据手轮具体规格沿各轴向切换。

"手动进给倍率"旋钮如图19（b）所示。

（1）本旋钮位于手轮操作盒上，用来选定进给倍率。

（2）本旋钮仅可手轮操作。

（3）可切换×1、×10、×100。

其中，×1 表示每移动 1 小格为 0.001 mm；×10 表示每移动 1 小格为 0.01 mm；×100 表示每移动 1 小格为 0.1 mm。

手轮如图19（c）所示。

（1）本手轮位于手轮操作盒上，用来操作进给轴移动的方向与快慢。

（2）手轮顺时针方向转动时，机械往正方向移动。

（3）手轮逆时针方向转动时，机械往负方向移动。

（4）手轮生效时，手轮灯会亮。

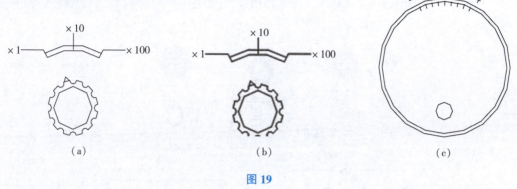

图 19

17）状态显示

主轴高低挡指示灯（绿色）如图 20（a）所示。

（1）HG 指示灯亮时，表示主轴此时位于高挡。

（2）LG 指示灯亮时，表示主轴此时位于低挡。

C 轴刹车指示灯（绿色）如图 20（b）所示。

（1）C 轴高挡刹车动作时，高挡指示灯亮。

（2）C 轴低挡刹车动作时，低挡指示灯亮。

异警灯（红色）如图 20（c）所示。当此灯亮时表示有以下情形。

（1）NC 有异常状况。

（2）LCD 有报警信息产生。

（3）紧急停止异常。

①任一轴超过硬件行程极限。

②手动紧急按钮开关被压下。

润滑灯（绿色）如图 20（d）所示。

（1）润滑油电动机动作时，此灯将闪烁。

（2）润滑油低于标准量时，此灯将亮，但机器将继续运转，直到程序停止。

夹头夹紧指示灯（绿色）如图 20（e）所示。

（1）当主轴夹头上工件已夹紧时，此灯亮。

（2）此灯亮时，主轴才能旋转，否则无法动作。

C 轴动作指示灯（绿色）如图 20（f）所示。

当轴向选择至 C 轴或进入 C 轴时，此灯会亮。

原点指示灯如图 20（g）所示。

（1）X 轴原点指示灯（绿色）：当 X 轴回到机械原点到达定位时，此灯会亮。

（2）Z 轴原点指示灯（绿色）：当 Z 轴回到机械原点到达定位时，此灯会亮。

（3）C 轴原点指示灯（绿色）：当 C 轴回到机械原点到达定位时，此灯会亮。

（4）Y 轴原点指示灯（绿色）：当 Y 轴回到机械原点到达定位时，此灯会亮。

主轴负载表如图 20（h）所示，其用于显示主轴切削时的负载情况。

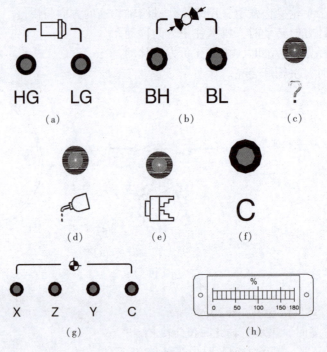

图 20

3. MDI 面板简介

MDI 面板如图 21 所示。

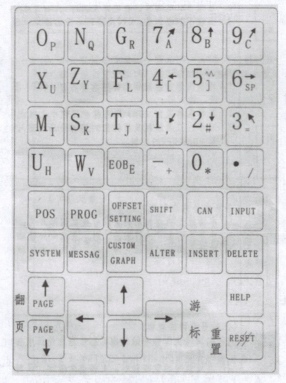

图 21

1）"复位"键

"复位"键如图 22 所示。

（1）按键可消除故障警示。

（2）按键可中止程序执行。

（3）程序输入完毕后，可按本键使光标迅速回到程序号 OXXXX 处。

图 22

2）"光标移动"键

"光标移动"键如图 23 所示。

（1）使用本键时，模式选择编辑模式，通过"↑"或"↓"键使光标停在所要的位置上；通过"←"或"→"键使光标向前或向后移动一个字。

（2）可作为程序搜索（只有"↓"键可作为程序搜索），或程序内字的搜索（"↑"及"↓"键皆可）。

（3）在其他模式下也可作为上下左右移动光标之用。

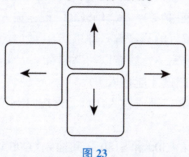

图 23

例 1：将"015"程序调出来。选择编辑模式→按下"PROG"键→输入"015"→按"↓"键即可。

例 2：在程序中搜索字"M06"。在编辑模式下将程序调出→输入"M06"→按"↑"或"↓"键即可向上或向下搜索"M06"，如果搜索不到则报警。

3）"翻页"键

"翻页"键如图 24 所示。

（1）使用本键时，模式选择编辑模式，通过"↑"或"↓"键，可使程序向前或向后翻页。每次翻页后，上页程序内最后两行程序会再次显示于下页的前两行上，以供参考。

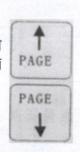

图 24

（2）在其他模式下也可作为上下翻页之用。

4）"转换"键

"转换"键如图 25 所示。

操作面板上同一按键有大小两字母（如 ），要使用小字时，先按一次"转换"键，再按小字即可。本键无连续性，每次要用到小字时，都要先按一次"转换"键。

图 25

5)"地址/数值"键

可以利用"地址/数值"键输入英文字母、数字及其他文字。

6)程序编辑键

"程序更改"键如图 26(a)所示,可用于更改程序名或程序内文字。

例1:将"G00"改为"G01"。将光标移动到"G00"处→输入"G01"→按"ALTER"键即可。

注意:此种方法只能一次修改一处,且必须在编辑模式下。

例2:将程序"O0001"改为"O0002"。将光标移到程序号"O0001"处(可按"RESET"键)→输入"O0002"→按"ALTER"键即可。

注意:NC 存储器中需无 O0002 程序存在,否则将产生报警。

"程序插入"键如图 26(b)所示,可用于新建程序或输入程序内文字。

例1:程序名的建立。选择编辑模式→按"PROG"键→按下"列表"按钮→显示已有程序名→输入"OXXXX"(程序名不能重复)→按"INSERT"键→输入";"→按"INSERT"键即可。

例2:程序的输入。按已编好的程序输入即可。

注意:(1)可连续输入,输完一行后需以";"结尾。

(2)输入完毕需按"INSERT"键才能存入。

(3)每输完一行后按"INSERT"键或输入几行后再按"INSERT"键均可。

例3:字和程序段的插入。

(1)在"G00 S180 T0101;"的 G00 和 S180 之间插入"G96":将光标移到"G00"处,输入"G96",然后按"INSERT"键即可。

(2)在"G00 G96 S180 T0101;"和"G01 X100 Z2;"两段之间加入"G00 Z8;":将光标移到"G00 G96 S180 T0101;"的";"处,输入"G00 Z8;",按"INSERT"键即可。

"程序删除"键如图 26(c)所示,可用于删除程序内文字、单节及整条程序。

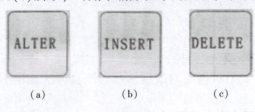

(a)   (b)   (c)

图 26

例1:单个字的删除。删除"S1000":将光标移至"S1000"处,按"DELETE"键即可。

例2:程序段的删除。将光标移至预删除程序段最前端,输入";",再按"DELETE"键即可。

例3:整个程序的删除。输入程序号"OXXXX",按"DELETE"键即可。

例4:多个程序段的删除。将 N10~N120 程序段删除:将光标移至"N10"处,输入

"N120"，再按"DELETE"键即可。

例5：多个程序的删除。将010~080之间的所有程序删除：输入"010，080"，按"DE-LETE"键即可。

7)"输入"键

"输入"键如图27所示。本键不可作为程序输入键用，仅用于校刀、补刀以及手动输入。

图27

8)"位置画面"键

"位置画面"键如图28所示，按本键显示位置画面。

图28

开机后，荧屏首先会显示"绝对坐标"画面，如图29所示。

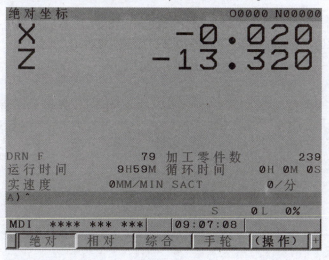

图29

在画面下方会出现"绝对""相对""综合"三个按钮。

(1)按下"绝对"按钮，显示"绝对坐标"画面。

绝对坐标：所写程序的坐标，此坐标的原点一般皆位于工件的中心与端面相交叉的那个点上，在自动执行中绝对坐标所显示的X、Z值即为刀尖在程序里的位置，所以"绝对坐标"亦称为程序坐标。

(2)按下"相对"按钮，显示"相对坐标"画面，如图30所示。相对坐标：增量的坐标，可显示任意两点间的距离，此坐标可随时归零，并未固定在某一位置。修软爪时常会用到此坐标(U 轴即 X 轴，W 轴即 Z 轴)。

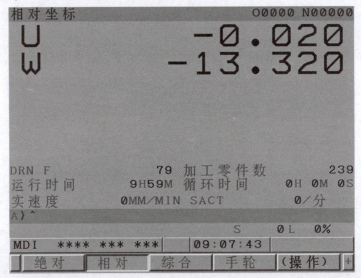

图 30

归零方法：选择"相对坐标"画面，按面板上的"U"键后，画面中的 U 就会闪烁，再按"归零"按钮，U 就会自动归零，若在 U 闪烁后，又不想归零，则再按一次"U"键，U 即停止闪烁。

(3)按下"综合"按钮，显示"综合坐标"画面，如图 31 所示。机械坐标：机械本身位置的坐标，此坐标的原点(机械原点)，一般位于机床的左下方(X、Y 轴)。每次开机后，进行原点复位时，最好先按"综合"按钮查看机械坐标值，参考现在机械本身的位置，以免原点复位时会"过行程"。

剩余移动量：程序运行时，从一点移动到另一点时，还需移动的距离。

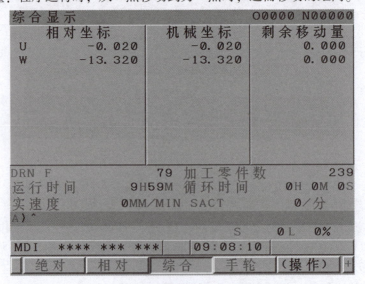

图 31

9)"程序画面"键

"程序画面"键如图 32 所示，按本键显示程序画面。

图 32

（1）选择编辑模式，并按下"PROG"键，程序画面下方会出现"程序""列表"按钮，按下可进入相应界面。

①"程序"界面：此界面显示程序，可进行程序更改、插入、删除等操作，如图 33 所示。

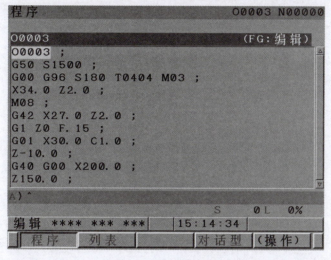

图 33

②"列表"界面：此界面显示程序的目录，包括已使用的程序号码及数目、记忆长度容量等，如图 34 所示。

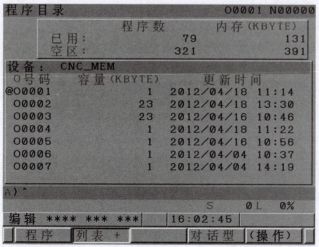

图 34

（2）选择自动模式，程序画面下方会出现4个按钮，按下相应按钮可进入相应界面，如图35所示。

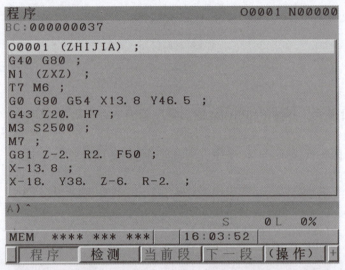

图35

①"程序"界面：显示当前的程序。

②"检测"界面：显示4行程序、绝对坐标（或相对坐标）及剩余移动量。一般在程序预演及实际加工时，一定要按下"检测"按钮，这样才能同时监看4行程序及剩余移动量。

③"当前段"界面：显示现在正在执行的单节（不常用）。

④"下一段"界面：显示下一个将要执行的单节（不常用）。

（3）程序输入的方法。

①选择编辑模式，程序保护钥匙转到"关"，程序画面下方会出现"程序"及"列表"按钮，不论现在是"程序"界面还是"列表"界面都可以直接输入程序号码。

例如：输入"O0001"后按"INSERT"键，程序号码会自动输入显示空白荧幕的左上角，然后，先按"EOB"键（就是程序中的分号），再按"INSERT"键，荧幕会出现"O0001；"。

注意：O0001与分号要分开输入。

正确：输入"O0001"，再按"INSERT"键，然后按"EOB"键，最后按"INSERT"键。

错误：输入"O0001；"，再按"INSERT"键则会报警，提示操作错误。

②"O0001；"输入完成后，继续输入其他的程序内容，此时，整个单节打完后，即可连同分号一起输入了。

③在荧幕下方暂存区内文字若打错，可按"CAN"键来消除，每按一次"CAN"键，就能消除一个字。

10）"偏置/设定画面"键

"偏置/设定画面"键如图36所示。按本键显示偏置/设定画面，如图37所示。

图36

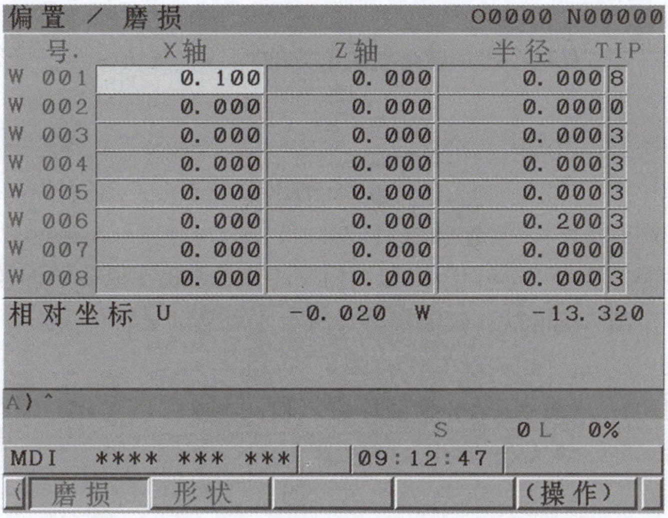

偏置 ／ 磨损			O0000 N00000	
号.	X轴	Z轴	半径	TIP
W 001	0.100	0.000	0.000	8
W 002	0.000	0.000	0.000	0
W 003	0.000	0.000	0.000	3
W 004	0.000	0.000	0.000	3
W 005	0.000	0.000	0.000	3
W 006	0.000	0.000	0.200	3
W 007	0.000	0.000	0.000	0
W 008	0.000	0.000	0.000	3

相对坐标 U   −0.020   W   −13.320

A) ^

S   0L   0%

MDI **** *** *** 09:12:47

〔 磨损 〕〔 形状 〕〔　〕〔　〕〔（操作）〕

图 37

通过"形状"和"磨损"界面可进行刀具对刀和补偿的操作，按钮"+输入"和"输入"是不同的，"+输入"可认为是带"+"和"−"运算的输入，如原磨损为−0.02，输入"−0.015"后，如果按"+输入"按钮，则磨损值变为−0.035，如果按"输入"按钮，则磨损值变为−0.015。由此说明使用"+输入"按钮可很方便地进行刀具磨损的校正。具体的校刀方法如下。

（1）"磨损"界面：补刀画面。补刀的方法如下。

①按"OFFSET SETTING"键，按界面下方的"刀偏"按钮，再按"磨损"按钮，即可出现"磨损"界面。

②将光标移动至所要的刀号位置，再移动到要更改的补正处。

（2）"形状"界面：校刀画面，如图38所示。

校刀的输入，先按"X"按钮，再按"测量"按钮；或先按"Z"按钮，再按"测量"按钮。

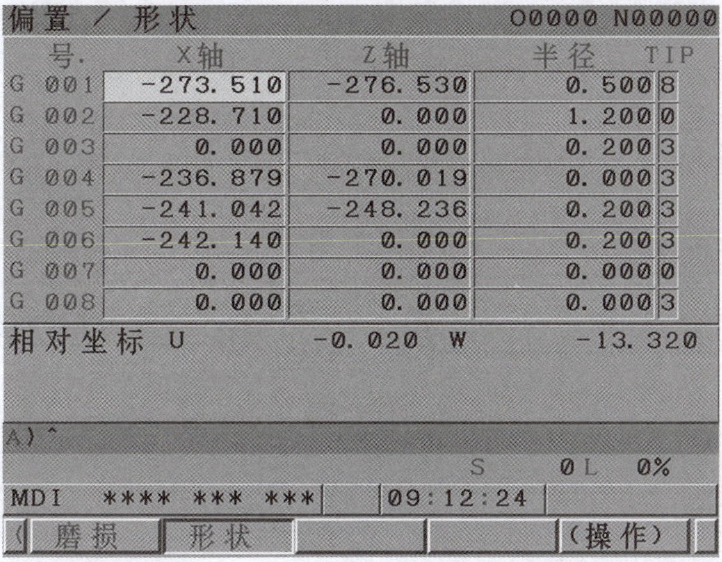

偏置 ／ 形状			O0000 N00000	
号.	X轴	Z轴	半径	TIP
G 001	−273.510	−276.530	0.500	8
G 002	−228.710	0.000	1.200	0
G 003	0.000	0.000	0.200	3
G 004	−236.879	−270.019	0.000	3
G 005	−241.042	−248.236	0.200	3
G 006	−242.140	0.000	0.200	3
G 007	0.000	0.000	0.000	0
G 008	0.000	0.000	0.000	3

相对坐标 U   −0.020   W   −13.320

A) ^

S   0L   0%

MDI **** *** *** 09:12:24

〔 磨损 〕〔 形状 〕〔　〕〔　〕〔（操作）〕

图 38

校刀的方法如下。

①先按"OFFSET SETTING"键，再按界面下方的"刀偏"按钮，再按"形状"按钮即可出现"形状"界面。

②将光标移到所要校刀的刀号位置。

③一般先用外径将工件的端面(基准面)车削出来。通常，选用外径粗车刀车削，而此基准面就是最后的端面尺寸(不要再预留精车尺寸)。

注意：确认界面是否为工具补正/形状画面，游标是否仍在所要的番号上。

外径刀校刀：车削一端面后，仅能移动 X 轴，不可移动 Z 轴。

Z 轴校刀[图 39(a)]：输入"Z0"，按"测量"按钮。

车削一外径(任意尺寸皆可)后，仅能移动 Z 轴，不可移动 X 轴，停止移动主轴，量取所车削出来的直径尺寸，如 φ50.78。

X 轴校刀[图 39(b)]：输入"X50.78"，按"测量"按钮。

④第一把外径刀校完输入后，将刀具退离工件，以换刀时刀具不会干涉或碰触到工件为原则。

⑤若有其他的外径刀，如精车刀、切槽刀、外牙刀、钻头或中心钻，其校刀方法如下。

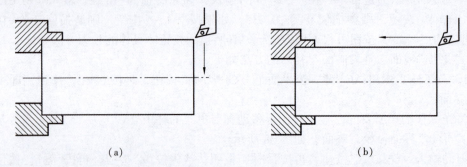

(a)　　　　　　　　　　　　(b)

图 39

a. 外径精车刀。轻微接触到基准面后，就不可再移动 Z 轴。Z 轴校刀[图 40(a)]：输入"Z0"，按"测量"按钮。

轻微接触到先前车削的 φ50.78 直径，X 轴校刀[图 40(b)]：输入"X50.78"，按"测量"按钮。

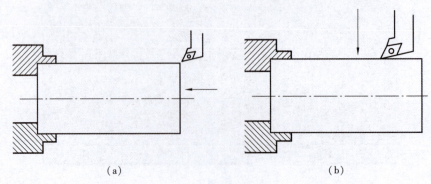

(a)　　　　　　　　　　　　(b)

图 40

b. 切槽刀截断刀。轻微接触到基准面后，就不可再移动 Z 轴。Z 轴校刀［图 41（a）］：输入"Z0"，按"测量"按钮。

轻微接触到先前车削的 ϕ50.78 直径。X 轴校刀［图 41（b）］：输入"X50.78"，按"测量"按钮。

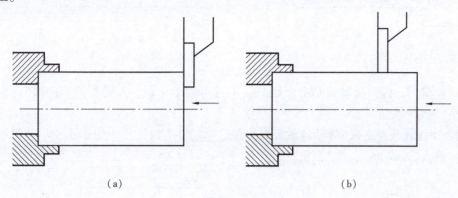

（a）　　　　　　　　　　　　　　　　（b）

图 41

c. 外径牙刀。主轴无需转动，以目视将牙刀尖移动基准面上方 1～2 mm 处，目视刀尖与基准面齐平即可。

Z 轴校刀［图 42（a）］：输入"Z0"，按"测量"按钮。

轻微接触到先前车削的 ϕ50.78 直径，X 轴校刀［图 42（b）］：输入"X50.78"，按"测量"按钮。

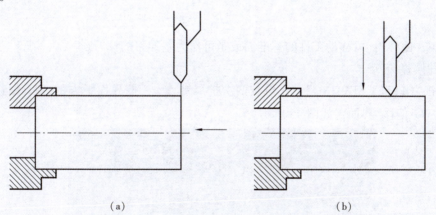

（a）　　　　　　　　　　　　　　　　（b）

图 42

d. 钻头中心钻。主轴无需转动，以目视将钻头或中心钻刀尖移到基准面接触处即可。Z 轴校刀［图 43（a）］：输入"Z0"，按"测量"按钮。

主轴无需转动，以手支将 X 轴移动到钻孔中心（如 FTC-30 刀塔中心的机械坐标为-450）。

X 轴校刀［图 43（b）］：输入"X50.78"，按"测量"按钮。也可在手动模式下执行 G30 U0 指令，刀具自动回到主轴中心。请注意刀具不要干涉。

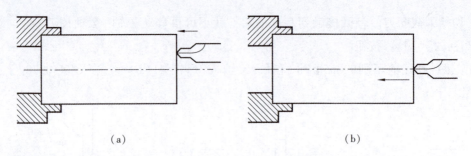

图 43

e. 内径车刀。轻微接触到基准面后，就不可再移动 Z 轴。Z 轴校刀［图 44(a)］：输入"Z0"，按"测量"按钮。

车削一内径(任意之尺寸皆可)或轻微接触已车削好的内孔径，如 ϕ45.56。X 轴校刀［图 44(b)］：输入"X45.56"，按"测量"按钮。

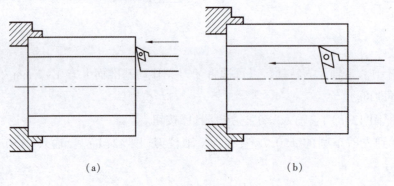

图 44

(3)"W. 偏移"：可移动工件的基准面或是可作为基准刀的校刀。

①工件偏移的方法。

a. 先按"OFFSET SETTING"键，再按两次扩展键 ▶|，按界面下方的"W. 偏移"按钮，即可出现"W. 偏移"界面，如图 45 所示。

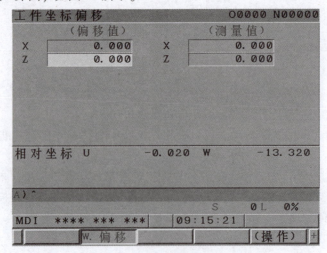

图 45

b. 如果工件经过试车之后，工件的总长度多了 0.5 mm（亦即希望每一支刀都向左一起移动 0.5 mm，使工件的总长度减少 0.5 mm）则移动光标到"（偏移值）"Z 后，输入"0.5"，按"INPUT"键。则再次车削之后的工件总长度便会减少 0.5 mm。（注意：工件偏移的正、负号与磨损补正的正、负号方向是相反的）

c. 反之，如果工件经过试车之后，工件的总长度少了 0.2 mm，则移动光标到"（偏移值）"Z 后，输入"−0.2"，按"INPUT"键，则再次车削后的工件总长度便会增加−0.2 mm。

补充：一般也可以利用这个特征，让刀具远离工件，在工件外面安全的地带来演练，空跑程序或暖机用。

例如：要将刀具移到工件右侧 100.00 mm 之处演练程序，则移动光标到"（偏移值）"Z 后，输入"−100.0"，演练之后，要恢复原来的位置，则移动光标到"（偏移值）"Z 后，输入"0.0"，如图 46 所示。

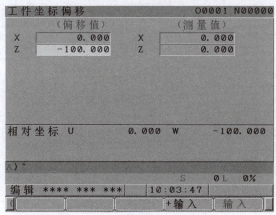

图 46

②在"W. 偏移"画面，亦可进行校刀的动作（基准刀校刀法），方法如下。

a. 进入"W. 偏移"画面。

b. 选择基准刀，移动光标到"（测量值）"X 后，输入直径值"25.175"，如图 47 所示，按"INPUT"键，同样也可移动光标到"（测量值）"Z 后，输入长度值后，按"INPUT"键，则基准刀校刀完成。接着进入"形状"界面，再校其他的刀。

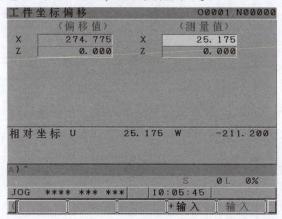

图 47

141

11）"系统画面"键

"系统画面"键如图48所示，按本键显示系统画面：为显示系统参数及自我诊断用。

如果需要修改参数，则需选择手动数据输入模式。

图48

按下本键后，界面下方会出现3个按钮，如图49所示。

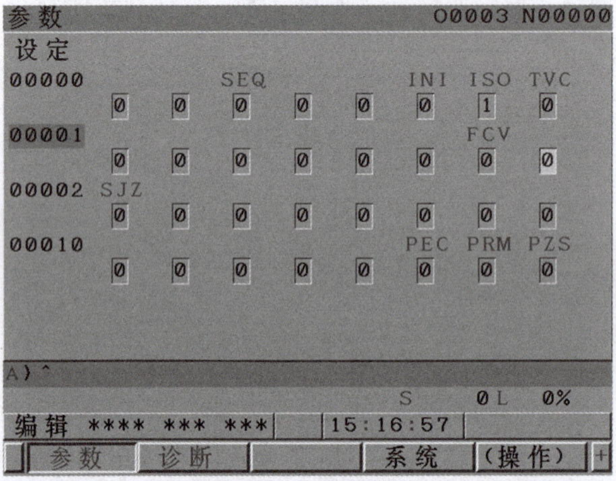

图49

12）"信息画面"键

"信息画面"键如图50所示，按本键显示信息画面。当故障发生时，按下本键，则会显示故障信息。

通常发生故障时，不用按本键，荧幕会自动显示故障信息。

图50

13）"图形画面"键

"图形画面"键如图51所示，按本键显示图形画面。在程序执行前，用于检查程序刀具路径是否有误。

图51

操作方法如下。

(1)将"模式选择"旋钮转到"自动执行"。

(2)将刀塔远离工件端，开启"机械锁定"，以免万一误按了"启动"键(STARA)而造成危险，故需谨慎小心。(因为想模拟的程序可能尚未校刀或未试车过)

(3)按"图形画面"键后，按界面下方的"参数"按钮，进入图52所示画面，设定相关图形参数。

(4)按"图形"按钮。

(5)按"启动"键，开始执行路径模拟，即可看到图形(走刀路线)。

(6)可按"单节执行"键，若不按则为连续执行模拟。

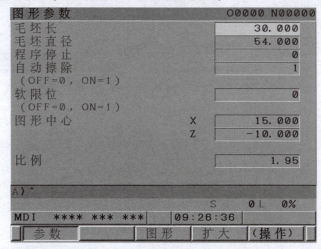

图 52

图52所示画面说明如下。

(1)毛坯长：工件长度(以0.001 mm为单位)，如100 mm则输入"100000"或"100."。

(2)毛坯直径：工件直径(以0.001 mm为单位)，如50 mm则输入"50000"或"50."。

(3)程序停止：设定程序路径停止的单节。所设定之值为程序序号，程序执行至此序号时，即停止显示路径。通常设定为0.。

(4)自动擦除：设定1时，自动执行启动后荧幕会清除下画面，重新显示新路径。设定0时，自动执行启动后荧幕旧路径不清除，继续显示路径。(新旧路径皆显示)通常设定为1.。

(5)图形中心：显示图画之中心位置。毛坯长及毛坯直径设定后CNC会自动换算。

(6)比例：表示程序路径的荧幕上之比例。毛坯长及毛坯直径设定后CNC会自动换算。

(7)描绘色：设定切削进给和快速的走刀轨迹之颜色，以示区别。

注意：以上资料须修改时，移动光标至所须修改位置，输入正确数据后，按"INPUT"键即可。

按"图形"按钮后，会显示如图53所示界面，不会显示路径，路径必须在自动执行时显示。

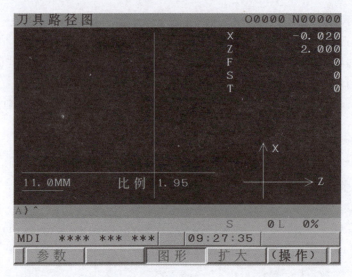

图53

图形显示扩大(可以将路径局部放大显示)：自动执行后路径会显示在界面中，如图54所示。若想进行局部放大，则按"扩大"按钮，再按界面下方的"中心"或"矩形"按钮，界面会出现红、黄两个亮点，利用"光标移动"键将黄色亮点移到图形的适当位置后，按"上/下"按钮，红、黄两个亮点颜色互换，同样地，再利用"光标移动"键，将黄色亮点移到适当右上位置后，按"执行"按钮，则界面中坐标轴会移动，旧图形会消失，下次再按"自动执行"按钮后，界面中就显示前面两个亮点所围成的放大部分路径。

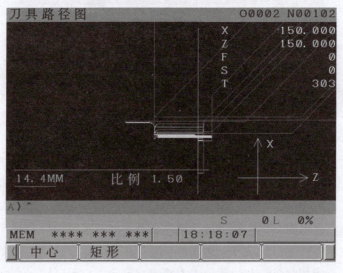

图54

若想回到原先设定的标准路径，则按下"操作"按钮后，再按"标准"按钮，局部放大的路径就消失，再次按"自动执行"按钮时，路径显示就回到标准的路径显示。

14)程序编辑

(1)程序记忆编辑操作前准备。

①将资料保护开关关闭(钥匙水平位置)。

②设定为编辑模式。

③按"PROG"键，显示程序。

（2）手动输入程序。

①设定为编辑模式。

②按"PROG"键，显示程序画面。

③输入位址"0"。

④输入程序号码(不可与 NC 中已有的程序号码重复)。

⑤按"INSERT"键。

⑥按"EOB"(;)键后再按"INSERT"键。

按以上步骤，将程序号码登记至记忆。此后，输入程序的各小字，按"INSERT"键登记它们。

（3）程序调用。

①设定为编辑或自动模式。

②按"PROG"键，显示"程序"画面。

③输入位址"0"。

④输入程序号码。

⑤按 CURSOR"↓"键或"'0 检索'"键。

（4）删除一个程序。

①设定为编辑模式。

②按"PROG"键，显示"程序"画面。

③输入位址"0"。

④输入程序号码。

⑤按"DELETE"键，删除输入号码的程序。

（5）程序修改。

①设定为编辑模式。

②按"PROG"键，显示"程序"画面。

③选出要修改的程序。

④寻找要修改的字节或单节。

⑤修改、插入、消除此单节或字节。

修改时：按"ALTER"键，替换光标所在位置的字节。

插入时：按"INSERT"键，在光标所在的字节的后面插入。

删除时：按"DELETE"键，删除光标所在位置的字节。

（6）搜索。

①按 CURSOR"↓"键，光标在荧屏一字节一字节地朝后移。

②按 CURSOR"↑"键，光标在荧屏一字节一字节地向前移。

③一直按 CURSOR"↓"或"↑"键，连续搜索。

④按 PAGE"↓"键，显示后面页和寻找页的第一单节。

⑤按 PAGE"↑"键，显示后面页和寻找页的第一单节。

⑥一直按下 PAGE"↑"或"↓"键，显示一个相邻页。

⑦字节搜索。

a. 输入程序所要找的字节。

b. 判定方向后按 CURSOR 的"↓"或"↑"键。

(7)扩展编辑。

①程序更改。

例如：将程序中所有的"F0.3"改为"F0.2"。

选择编辑模式→按"PROG"键→按"程序"按钮→按"操作"按钮→按"扩展"按钮两次→按"替换"按钮→输入"F0.3"→按"替换前"按钮→输入"F0.2"→按"替换后"按钮→按"全执行"按钮。

②程序复制。

a. 复制一个完整的程序。

例如：复制 010 程序到程序 011。

选择编辑模式→按"PROG"键→输入"010"→按"全选择"按钮→按"复制"按钮→搜索成为粘贴对象的程序 012→将光标移动到粘贴位置→按"粘贴"按钮→按"BUF 执行"按钮。

b. 复制程序的一部分。

选择编辑模式→按"PROG"键→输入程序名→将光标移动到复制开始位置→按"选择"按钮→移动光标选择需复制的范围→按"复制"按钮→搜索成为粘贴对象的程序→将光标移动到粘贴位置→按"粘贴"按钮→按"BUF 执行"按钮。

③程序移动。

选择编辑模式→按"PROG"键→输入程序名→按"全选择"按钮→按"剪切"按钮→搜索成为粘贴对象的程序→将光标移动到粘贴位置→按"粘贴"按钮→按"BUF 执行"按钮。

也可只移动程序的一部分，操作方法类似于复制程序的一部分。

参 考 文 献

[1]韩鸿鸾. 数控机床机械系统装调与维修一体化教程[M]. 北京：机械工业出版社，2021.

[2]陈云，彭兆. 金属工艺学[M]. 北京：机械工业出版社，2023.

[3]于超，杨玉海，郭建烨. 机床数控技术与编程[M]. 北京：北京航空航天大学出版社，2015.

[4]张军. 数控机床编程与操作教程[M]. 北京：机械工业出版社，2021.

[5]贾亚洲. 金属切削机床概论[M]. 北京：机械工业出版社，2021.

[6]刘蔡保，车工和数控车工从入门到精通[M]. 北京：化学工业出版，2020.

[7]胡庆夕，张海光，何岚岚. 现代工程训练基础实践教程[M]. 北京：机械工业出版社，2021.

[8]孙德茂. 数控机床车削加工直接编程技术[M]. 北京：机械工业出版社，2005.

[9]徐建成，申小平. 现代制造工程基础实习[M]. 3版. 北京：国防工业出版社，2022.

[10]李军花. 焊接发展史(一)[J]. 焊接技术，2006，35(5)：81-82.

[11]王评. 现代焊接技术的发展现状及前景[J]. 内燃机与配件，2020，(18)：183-184.

[12]严绍华. 金属工艺学实习(非机类)[M]. 北京：清华大学出版社，2017.

[13]邢忠文，张学仁，韩秀琴. 金属工艺学[M]. 哈尔滨：哈尔滨工业大学出版社，2022.

[14]李东，钟凡，李雄伟. 金工实训[M]. 武汉：华中科技大学出版社，2021.

[15]张英哲，伍剑明，李娟. 焊接导论[M]. 北京：冶金工业出版社，2019.